鑄鐵鍋家料理

Delicious Everyday

致所有鑄鐵鍋新手的一封信

零到一到無限

　　對於在觀望鑄鐵鍋的朋友們，「零到一」是最遙遠的距離！記得我當初要入手第一個 Staub 鍋時，也是做了很久的功課，猶豫不決，有很多個「深怕」，深怕價格這麼高買了沒在用？！深怕鍋子重不好駕馭？！深怕手藝不精，沒法用鑄鐵鍋煮出好吃的料理？！……這些想法真的很令人卻步，甚至打消買鍋的念頭！直到哪天豁出去，狠下心買了第一咖之後，就會被它迷人的優點給吸引，到時候內心的焦慮就會變成：深怕家裡沒地方收納啊！

餐桌美學

　　我特別享受一家人一起共進晚餐的時刻，一種「再忙碌也要陪家人一起吃飯」的概念，豐富營養的家常菜，有了鑄鐵鍋的點綴，讓餐桌更有儀式感。Staub 是我家餐桌的固定班底，多款鍋型可以隨心所欲地運用，不僅僅是煮白飯、熬湯、燉物，煎煮炒炸都難不倒，還能進烤箱，料理完還能直接上桌，再搭配各種陶瓷餐碗盤，如此賞心悅目的畫面更能幫料理加分喔！

料理靈感

　　即使我已經當煮婦好多年了，在這條路上我都還是以「資深的料理新手」自居，永遠有學不完的菜色，想要認識的食材，想要挑戰的風味。希望我們在為家人打造美味餐桌的這條路上，都可以持有喜愛料理的初心，永遠都保有新手的熱情。

蔡佩珊 / 莎莎的手作幸福料理

每一道菜，都是一個家庭的故事

　　這是社團的第三本書了，找出版社談之前，我一直在反覆思考，要以什麼理念出書？才能推出一本不同以往，實用溫暖、很有愛又有趣，大家都喜歡的食譜？

　　因為是食譜！所以要做出食譜的樣子。

　　我們社團的初衷是「為家人做菜」，很多社員都是以前沒進過廚房，為了家人、為了小孩，才一步一步學起做菜。我們一起在社團裡分享 Staub 鑄鐵鍋的好處、自己的料理經驗，也熱心解決彼此的難題，漸漸成為了一個大家庭。

　　說實在，每天做菜的人沒有太多時間，家裡一張一張嗷嗷待哺的嘴……所以對於我們來說，能夠簡單做出好吃料理的鑄鐵鍋真的是救星。也因此在這本書中，我們堅持收錄了 100 道菜，除了分享鑄鐵鍋的家常應用方法，也希望大家即使喜好、口味不同，都能在其中找到適合的料理，天天做變化。

　　這是一本有著 100 道菜，卻超過 100 個故事的食譜！每一位作者都是在社團裡的真實人物，真實呈現在大家眼前。每一道菜都有著你我他的故事！

　　身為本書的統籌，可可雖然有辛苦的地方，但也很開心能夠全程參與，幫大家記下很多趣事。我還記得在拍攝時，可可為了讓蔬菜在長時間拍照過程中呈現出剛做好的美味色澤，當了一天的茄子女王和一天的絲瓜公主。我知道誰因為拍得太歡樂被媽媽頻頻催促快點回家！還有睡過頭讓可可擔心的迷糊蛋是誰～也知道有人買不到櫻桃蘿蔔，卻在大家的贊助下變成櫻桃蘿蔔富翁的溫馨故事！也知道哪些精心準備的拍攝道具是作者珍藏的禮物！

　　如果將花絮收錄到書裡，可能要變成六法全書一樣大本了！幸好，這些故事不會被埋沒！將隨著《鑄鐵鍋。家料理》上市，慢慢分享在我們的心家「我愛 Staub 鑄鐵鍋」臉書社團。彌補了書中放不下這麼多溫暖有趣小故事的遺憾。

　　在此，可可也真心感謝台灣廣廈對這本書的用心，讓大家都能有機會看到料理世界的溫馨、鑄鐵鍋的美好！

可可 / 食譜統籌

序言 … 004

1 前導篇

入手你的
第一口鑄鐵鍋

鑄鐵鍋的好,不能只有我們知道 … 012

鑄鐵鍋的美味結構大解析 … 014

百百款鑄鐵鍋,你缺的是哪一種? … 016

鑄鐵鍋沒有最好,只有最適合! … 018

面對不同爐具,都有同樣好的表現 … 019

做好保養清潔,一口鍋可以陪你一輩子 … 021

2 入門篇

給新手的
料理起手式

從鑄鐵鍋開始學做菜 … 024

○ 鑄鐵鍋的基本烹調原則

○ 鑄鐵鍋的各種烹調方式

| 專欄 | 鑄鐵鍋拿手菜 ──
　　　　自帶滿滿水分的無水料理! … 028

| 專欄 | 超好吃的「鍋煮白飯」! … 030

CHAPTER

3
實作篇

快速導熱！榮登忙碌救星的
簡單家常菜

香蔥豬五花 … 034

雙筍豬肉捲 … 036

黑胡椒豬柳 … 038

咖哩肉末 … 040

免炸千層起司豬排 … 042

奶油蒜香骰子牛拼盤 … 044

涼拌雞絲 … 046

梅汁照燒雞 … 048

洋蔥燒鴨 … 050

香料醬烤雞腿 … 052

馬告鹽焗蝦 … 054

味噌奶油燒鮭魚 … 056

地中海紙包魚 … 058

蒜味奶油透抽圈 … 060

蝦仁蒸蛋 … 062

鮭魚沙拉 … 064

奶油蒜香蝦 … 066

鹽烤午仔魚 … 068

蝦仁拌鮮蔬 … 070

奶油檸檬鮭魚 … 072

鳳腿蛋鑲香菇 … 074

CHAPTER

4
實作篇

鎖住精華！聚集食材鮮美的
無水 & 燉煮料理

無水番茄牛肉 … 078

魚香茄子煲 … 080

無水青花椒蔥油雞 … 082

樹子蒸鱈魚 … 084

墨魚大燉 … 086

孜然烤排骨 … 088

月見蜜汁叉燒肉 … 090

鹽焗豬心 … 092

鳳梨苦瓜紅燒肉 … 094

老菜脯蒸魚 … 096

北非辣茄醬燉蛋 … 098

梅花千層白菜鍋 … 100

越式椰汁滷肉 … 102

上海咖哩牛肉粉絲湯 … 104

阿嬤的古早味滷排骨 … 106

東坡肉 … 108

台式燉牛肉 … 110

麻辣鴨血臭豆腐 … 112

越式咖哩雞 … 114

CHAPTER

5 實作篇

高溫蓄熱！提引出清甜原味的

蔬菜料理

黃金茭白筍 … 118

鹹蛋五彩蔬 … 120

金沙絲瓜 … 122

涼拌牛肉茄 … 124

馬鈴薯火山泥 … 126

椒鹽玉米 … 128

韭菜花烘蛋 … 130

碧玉黃瓜鑲肉 … 132

馬鈴薯燉菜 … 134

五色蔬肉絲炒馬鈴薯 … 136

肉糜釀茄子 … 138

茭白筍肉絲櫛瓜麵 … 140

鹹蛋炒黃金栗子南瓜 … 142

金銀蛋菇菇絲瓜 … 144

CHAPTER

6 實作篇

均勻受熱！散發美味鍋氣的

飽足感主食

菇菇雞炊飯 … 148

日式鮮筍鮭魚炊飯 … 150

古早味高麗菜飯 … 152

雙蛋菜脯蝦仁炒飯 … 154

韓式泡菜鍋巴飯 … 156

西班牙海鮮燉飯 … 158

黑松露鮮菇燉飯 … 160

蒜蝦燉飯 … 162

鮑魚粥 … 164

皮蛋瘦肉粥 … 166

芋見小卷米粉湯 … 168

小米麵佐青醬 … 170

烤茄子番茄義大利麵 … 172

麻油雞義大利麵 … 174

雞肉起司焗烤大貝殼麵 … 176

蘆筍青草燉麥 … 178

荷包蛋番茄麵 … 180

CHAPTER 7 實作篇

恆溫入味！療癒全家人的
溫暖鍋物湯品

蘋果洋蔥雞湯 … 184

百菇冬瓜蛤蜊雞湯 … 186

螺肉筍片雞湯 … 188

當歸蓮藕烏骨雞湯 … 190

酸菜肚片湯 … 192

山藥玉米排骨湯 … 194

草菇排骨湯 … 196

四神山藥排骨湯 … 198

清燉牛雜湯 … 200

紅燒番茄牛肉湯 … 202

絲瓜雞蛋湯 … 204

菜頭肉羹湯 … 206

和風培根牛蒡焗烤起司湯 … 208

馬鈴薯蘑菇濃湯 … 210

普羅旺斯什錦菇菇湯 … 212

托斯卡尼奶油湯 … 214

南瓜豆漿鍋 … 216

CHAPTER 8 實作篇

保溫保濕！濕潤軟綿又迷人的
甜品小點

香蕉蛋糕 … 220

焦糖蘋果蛋糕 … 222

藍莓瑪芬 … 224

減醣低卡燕麥優格蛋糕 … 226

荷蘭寶貝鬆餅（原味＆烤布里起司） … 228

法式香草舒芙蕾 … 230

西瓜造型戚風蛋糕 … 234

芒果糯米飯 … 238

紫米芋頭茶巾絞 … 240

百合蓮子湯 … 242

核桃黑芝麻糊 … 244

肉桂椰香米布丁 … 246

本書食譜說明

🍲：烹調時使用的鍋具。

🍲：拍攝時盛裝的鍋具、餐碗。

🕐：實際烹調的參考時間，不包含洗菜備料、醃漬隔夜等。

|材料分量|

1 小匙 = 5cc，1 大匙 = 15cc

1 米杯 = 各廠牌大小不同，約 150 ～ 180cc

少許：先從少於 1 小匙的量開始添加

適量：按照個人的口味增減，裝飾用時也可省略

調味料用量因為每個人的喜好、使用的食材與品牌不同，建議先加食譜量的 7 成，再一邊試吃一邊調整用量。

CHAPTER

1

前導篇

入手你的

第一口鑄鐵鍋

Delicious Everyday

鑄鐵鍋的好，
不能只有我們知道

　　鑄鐵鍋大致可以分成兩種，一種是純鐵製成、沒有塗層的「荷蘭鍋」，最常用於野炊時直火烹調；另一種則是加入琺瑯塗層，本書中使用的「琺瑯鑄鐵鍋」。

　　琺瑯鑄鐵鍋方便實用、應用範圍廣泛，自從推出以來，人氣從星級餐廳到一般家庭都居高不下，甚至在日本被稱為「魔法鍋」，號稱擁有讓料理變好吃的美味魔法！

　　究竟鑄鐵鍋有什麼魅力，能夠在世界各地如此受到歡迎呢？先讓我們一起來看看使用鑄鐵鍋的好處吧！

01
做菜比平常更好吃

完美鎖住食材風味、水分的高密封性，美味自然提升！

02
烹調更輕鬆省時

導熱快、蓄熱性好，能夠幫助料理更快速熟成、入味。

03
節省能源與費用

加熱快、受熱均勻，小火力就可以達到大火恆溫效果。

04
超強的保溫效果

溫度維持更久，等待上桌的期間，料理也能持續入味！

05
一口鍋多種功能

煎煮炒炸蒸燉烤都適用，符合各種烹調需求的萬用鍋。

06
可以做無水料理

能夠充分釋放蔬菜的水分，以食材本身的精華做烹調。

07
不挑爐具、可用洗碗機

適用於瓦斯爐、IH 爐、黑晶爐、烤箱等多種加熱爐具。

08
堅固耐用

堅硬厚實、耐磨耐熱,用一輩子也不會壞的超高 CP 值。

09
好養好洗

琺瑯塗層不易沾黏,不需開鍋養鍋,清潔更輕鬆方便。

10
美感與實用兼具

多種色系、造型、尺寸,煮完直接端上桌就是最美擺盤。

鑄鐵鍋的
美味結構大解析

　　鑄鐵鍋有很多品牌，可以依照自己的需求選擇，而本書中使用的是 Staub 鑄鐵鍋。Staub 鑄鐵鍋是由工匠逐一手工打造、來自法國東部阿爾薩斯的鍋具，除了美觀的外型與色系，鍋子的每一個構造都具有設計的意義，用鑄鐵鍋做菜「更好吃」的祕密，就藏在這裡！

＼ 鑄鐵鍋原理透視圖 ／

冷凝
蒸發　（（鍋內循環））　水滴
食材

鑄鐵鍋體	鑄鐵鍋蓋
厚重的鑄鐵材質傳熱性好、蓄熱性高，能夠使全體受熱、溫控均勻。	厚重、密封性高，水氣在鍋內循環不易流失。

黑霧面琺瑯塗層（鍋內）

表面粗糙的塗層能夠減少鍋面與食物的接觸，防止燒焦沾黏。而且粗糙面可以煎烤出來的食物會更酥脆。除此之外，也能避免鍋具生鏽、染色或產生異味，增加耐久性。

鍋蓋頭

耐熱的金屬材質可以直接上蓋進烤箱（若為不耐熱材質，切勿進烤箱）。

鍋蓋凹槽

如果想要加強冷凝效果，可以在凹槽處放冰塊，讓熱氣上升後碰到低溫的鍋蓋快速冷凝，加速水氣循環，防止煮沸後噗鍋。

迴力釘點（汲水釘）

鍋蓋內層獨特的彎鉤型釘點設計，能夠讓上升的水蒸氣（食材的風味與香氣）沿著這些小釘分流，回到鍋內，保留住水分和精華。因此即使不加水，也能做出滋味豐富的無水料理。

BOX

市面上還有另一種白琺瑯塗層的鑄鐵鍋，表面光滑，比較適合小火慢燉料理。本書中不使用。

百百款鑄鐵鍋，
你缺的是哪一種？

Staub 有出產幾種基本鍋型，
除了能夠對應各樣烹調方式，各自
也有不同的特性，依照自己的烹調
習慣挑選，使用起來會更順手！

入門
推薦

圓鍋

經典的入門鍋款，因為深度夠、可
以放入很多食材，非常適合製作無
水料理、燉煮料理，也是最多人使用
的鍋型。

常用尺寸：16、18、20、22、24 cm

橢圓鍋 / 淺鍋

圓鍋的延伸款。橢圓鍋的鍋型較長，
能夠放入比較長型的食材。淺鍋則是
鍋身較低，適合製作有湯汁、但不需
要到湯很多的料理。

橢圓鍋常用尺寸：23 cm

淺鍋常用尺寸：26 cm

雙耳煎鍋

沒有鍋蓋、鍋身淺、口徑寬，用
來煎炒非常方便，可以直接當平底
鍋使用。除此之外，也常用於製作
燉飯、塔派。

常用尺寸：20、26 cm

和食鍋

以前稱為「媽咪鍋」，是為了因應亞洲料理的拌炒習慣而設計，鍋邊是圓弧狀，能夠讓鍋鏟更容易舀入，很適合需要先爆香，或是炒過再用燉煮的菜色，是一款很推薦新手的萬用鍋型。

和食鍋有出產一系列不同花紋的鍋蓋，因此也常會以鍋蓋花紋來暱稱，例如：雪花鍋、森林鍋、Lily鍋等。

常用尺寸：16、18、20、22、24 cm

淺燉鍋

鍋身淺、口徑大，常被當成平底鍋使用，很適合煎炒或是煮火鍋等，可以大量平鋪食材。

常用尺寸：24、26、28 cm

入門推薦

魚造型橢圓煎烤盤（魚拓鍋）

鍋型長、口徑很寬，能夠放入一整尾魚烹調，用來煮鹽烤魚、清蒸魚都很好用。而且具有鍋身深，炒菜、燉煮也很順手。

常用尺寸：33 cm

飯鍋

專門設計來煮飯的鑄鐵鍋。鍋身更深，做炊飯很方便。除此之外，也因為鍋子深，時常被用來當炸鍋，省油又不容易噴濺。

常用尺寸：12、16、20 cm

其他鍋型

除了基本鍋型，Staub 鑄鐵鍋也會不定期推出各種造型鍋具，例如鑽石鍋、番茄鍋、南瓜鍋、愛心鍋、Baby 鍋、魚盤等，應用方式基本上相同。

鑄鐵鍋沒有最好，只有最適合！

挑選鑄鐵鍋除了考量需求、喜好也很重要，因此本書食譜中除了實際烹調的鍋具，也逐一標示出拍攝擺盤的鍋具，提供更多挑鍋的選擇。如果拿不定主意該選哪一口鍋，不妨參考下方建議。

STEP 1 決定鍋型

新手入門的第一口鍋，通常推薦經典與「圓鍋」或「和食鍋」。尺寸、顏色充足，而且適用各種料理。尤其和食鍋的圓弧鍋底，最適合時常翻炒食物的台灣家庭。其餘則可參考前一頁的鍋型介紹。

STEP 2 決定尺寸

一般 3-4 人小家庭，最好用的尺寸是 24cm，小一點的話 22cm。如果只有 1-3 人則選擇 20cm 以下。以圓鍋為例，提供參考如下表。

先有一個基本款的尺寸，實際用過後再依照需求入手其他鍋子。例如想要一人份的小鍋，可以再買個小飯鍋，這樣一來小鍋有了，還多一個不同功能，一舉兩得！

圓鍋尺寸(cm)	16 cm	18 cm	20 cm	22 cm	24 cm
建議人數	1 人	1-2 人	1-3 人	2-4 人	3-4 人

STEP 3 挑選顏色

決定好需要的鍋型與尺寸，接下來就是最快樂也最艱難的「選色時間」！Staub 鑄鐵鍋各式顏色，時不時還會推出限定新色與花紋、造型，依照個人喜好、想要的餐桌氛圍，配色來挑選就可以了。

面對不同爐具，
都有同樣好的表現

　　鑄鐵材質的鍋具，除了不能微波外，在一般家庭的瓦斯爐、電爐、烤箱上都很好運用。只要依照不同爐具，適度調整火力大小即可。

◖ 明火 ◗

瓦斯爐、卡式爐等，因為鑄鐵鍋導熱很快、蓄熱性好，通常用「中小火」和「米粒火」就足以應付各種烹調。

瓦斯爐的火力說明 ─────────────────────

中（小）火

鑄鐵鍋的熱度很高，**最多轉中小火就好，不需要開到大火**。火力太大、過熱反而容易導致食物燒焦、過乾。

小火（米粒火）

鑄鐵鍋最常使用的火力，大約是瓦斯爐轉到 11 點鐘方向。因為**火力最小、加熱平均**，長時間燉煮或煮飯不會過熱（若瓦斯爐沒有米粒火，就使用最小的火力，但切勿用成爐心火）。

爐心火

很多人常把爐心火和米粒火搞混，瓦斯爐轉到 6 點鐘方向的爐心火，只是將火力集中，但並不是小火。

◖ 電爐 ◗（110V · 220V）張誦芬 / 提供

IH 爐和電陶爐（黑晶爐）都是電爐，兩種都很適合使用鑄鐵鍋，加熱平均外，平滑的爐面不會刮花鍋底是一大優點。

電爐的火力說明

電爐的火力各家不同，有的電陶爐是 9 段火力，也有很多 IH 爐火力選項超過 10 段。若以 9 段的火力來說，9 是最大火，中火約 5，中小火是 4（也就是常用來「燉煮」的火力），小火則是 3。以自家爐具試試看，找到對應的火力後就會越用越上手。

注意事項

◆ 電爐上面有感應圈，如果鍋底直徑小於感應圈，有可能無法加熱，購買前最好先確認。有人會用幾個小鍋並排擺放（如圖），讓鍋底超過感應圈（但不是每個廠牌都可行）。

◆ 電陶爐使用後會有餘溫（IH 爐沒有），可以靠餘溫繼續加熱，若不需要的話要移開。

◖ 烤箱 · 電鍋 ◗

鑄鐵材質耐熱，可以放入烤箱或電鍋中使用。

如果常用烤箱，建議可以按照自家烤箱大小，選擇淺燉鍋、煎鍋或小一點的鍋子，高度才不會碰到加熱管。

做好保養清潔，
一口鍋可以陪你一輩子

　　有琺瑯塗層的鑄鐵鍋，買回來不需要開鍋，也不需要塗油養鍋（塗油放久了反而有油耗味），用法和一般鍋具沒有差別。關於日常的清潔，以及去除難纏髒汙的方法，可以參考以下社友們的經驗：

◖ 日常清潔 ◗

◆ 用中性清潔劑搭配海綿清洗（避免使用菜瓜布、鋼刷等，以免刮傷）。

◆ 洗淨後擦乾，可以避免水垢產生。

鑄鐵鍋的使用注意事項

◆ 不可以放入微波爐使用。

◆ 避免劇烈溫度變化。
　◇ 開火時先轉米粒火（小火），慢慢加熱後再轉中火。
　◇ 熄火後不要馬上用冷水沖洗，先放冷。
　◇ 避免整鍋放冰箱後，一取出就直接拿去爐火加熱。

◆ 使用木製或矽膠製鏟，以免金屬破壞琺瑯塗層。

◆ 鑄鐵鍋加熱後溫度極高，請使用隔熱手套與鍋墊。

◖ 清除油污、焦垢 ◗ Josie Tai / 提供

如果遇到燒焦的情況，千萬不要急著把它摳掉（切忌用鋼絲絨的菜瓜布刷洗）。可以用小蘇打粉來幫助清潔，常用的方法有兩種：

◆ 冷鍋加入小蘇打粉、水煮沸後放涼再清洗，煮的過程可以用矽膠鏟刮一刮鍋底的焦黑處。如果很嚴重，就泡到隔天再洗。

◆ 冷鍋以小蘇打粉加少許水，厚厚塗抹在鍋底（可以再蓋上廚房紙巾），靜置後再以不刮鍋具的海綿刷洗乾淨（嚴重的話放隔天，或者多重複幾次）。

2

入門篇

給新手的

料理起手式

Delicious Everyday

「家料理」代表一個家的味道，
也許不是山珍海味，卻留下最雋永的味蕾記憶。
很多新入社團的成員，都是為了家人、為了小孩，
才從一個沒進過廚房的料理小白，一步一步學起做菜。
炒盤青菜、煮鍋熱湯，已是溫暖豐盛的幸福滋味。

從鑄鐵鍋開始學做菜

鑄鐵鍋耐用、功能多，對於新手來說也是很好用的鍋具。在接下來的章節中，就要帶大家一起來了解鑄鐵鍋的料理技巧。

鑄鐵鍋的基本烹調原則

1 食材下鍋前先回溫、擦乾

冰食材下鍋後鍋內迅速降溫，食材表面無法瞬間熟透、起梅納反應，就會容易沾黏，香氣、色澤也不足。

2 先熱好鍋再下油

鑄鐵鍋塗層有很多毛細孔，先加熱讓毛孔擴張，再加入冷油潤鍋，讓油吃進毛孔，就能在表面形成不沾的光滑薄膜。

3 食材下鍋後減少翻動

很多新手常犯的錯誤，就是食材一下鍋不停翻面，這樣溫度降很快，食材表面還黏在鍋上又被翻起，很容易就沾鍋。

4 避免造成劇烈的溫差

瞬間的冷熱溫差很容易讓鍋子壞掉。因此煮完切勿直接沖冷水洗。若需要加水，以冷鍋加冷水，熱鍋加熱水為主。

鑄鐵鍋的
各種烹調方式

煎

① 開中小火，熱鍋到把手摸起來溫熱的程度。

② 倒入冷油潤鍋（讓鍋底均勻有油），加熱到油出現油紋，表示油溫足夠。

③ 放入常溫、擦乾水分的食材（此時不要轉小火，導致溫度下降）。

④ 不要翻動，煎到食材表面熟、不會黏鍋後再翻面。

＊如果食材油脂多，例如五花肉、帶皮雞腿，不用加油，直接入鍋逼出油即可。

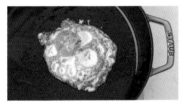

BOX　煎出迷人的恰恰荷包蛋

簡單的荷包蛋，其實不簡單！因為蛋的水分多，也不像其他肉類油脂高，很容易易沾鍋。使用常溫蛋，確實熱鍋後加入略多一些的油潤鍋，是成功煎出恰恰荷包蛋的祕訣。

炒

熱鍋冷油，以中小火加熱到油紋出現，再放入食材翻炒。

炸

冷鍋冷油，以中小火加熱到插入筷子會大量冒泡，再依序放入食材炸到酥脆。

＊油量大時冷鍋冷油加熱，不用擔心油快速過熱變質，或因倒入大量油而產生劇烈溫差。

燉煮

熱鍋冷油，待油熱後將食材炒香，再加入熱水燉煮至需要的程度。

＊若沒有要先炒的食材，直接冷鍋放入所有食材、冷水開始煮。

蒸

將鑄鐵鍋放入電鍋，加水按下開關即可。
＊蒸的時候可以蓋上鍋蓋，避免水氣滴入鍋中。
＊也可以用蒸鍋加水先煮沸，再放入鑄鐵鍋蒸。

烤

耐熱的鑄鐵鍋可以直接當烤盤或模具，
搭配烤箱使用。

鹽焗

鍋底先鋪一層鹽，放入食材再蓋一層鹽，
以瓦斯爐小火加熱至熟即可。

無水料理

以水分多的食材堆疊，上蓋後以中小火
煮到食材本身的水分釋放、入味。

鑄鐵鍋拿手菜 ——
自帶滿滿水分的無水料理！

江佳君 / 提供

　　無水料理並非是簡單的一鍋煮，用來做傳統的台式無水滷肉、墨魚大燴（上海菜）、蒸魚蒸海鮮、鮮蝦粉絲煲……等宴客級料理也非常棒，比傳統鍋具更加美味且方便，網路上也很流行做無水咖哩。

　　鑄鐵鍋做無水料理的優勢，在於有厚重的金屬鍋身可以均勻導熱和蓄積熱能，以極小的火力就能維持高溫烹煮，在料理時鍋內溫度恆定，不會因為中途開蓋加入食材就大幅降溫，這樣比較能保持食材的美味（當然鍋子相對比較重）。

從食材中釋出滿滿的水分

　　鑄鐵鍋的密閉、厚重、保溫效果、鍋蓋的特殊汲水釘，都有助於將食材本身的水分逼出，以水蒸氣熟化鍋中的所有食物。但也不要拘泥在「無水」兩字。水是提供熟化蒸氣的來源，有時候添加少量水分，反而有助食材中的水分釋出，而加入的酒、醬油、醋……等調味料其實也是水分的來源。

CHAPTER 02 〔入門篇〕 給新手的料理起手式

◖ 哪些食材適合做無水料理？ ◗

① **含水量高的蔬菜**：例如番茄、洋蔥、菇類、蘿蔔。

② **耐煮的葉菜**：例如白菜、高麗菜。

③ **肉類**（含水量高達約 60%）。

◖ 無水料理的技巧 ◗

① **食材大小厚度一致**：熟成的時間才不會差太多。

② **食材入鍋的順序**：沒有澱粉、蛋白質的食材先放，才不會
黏鍋。例如做紅酒燉牛肉，入鍋順序是洋蔥、番茄、紅蘿
蔔、馬鈴薯、牛肉。

③ **放入葉菜類的時機**：白菜、高麗菜耐煮，可以一開始加入
提供水分，其他綠色葉菜熄火前再加，才能保有翠綠的樣
貌和營養價值。

④ **斟酌調味料的用量**：無水料理因為食材的味道不會溶於一
鍋湯之中，所以調味料的用量會少很多，最好先加一半，
最後試吃不夠再加。

⑤ **適度添加少許油脂**：若食材中有含油脂的肉
類、黃豆、堅果……可以不必再加油，
若只有蔬食，建議加一匙油脂增加香
氣，也有助於脂溶性維生素的攝取。

⑥ **全程維持「小火」**：用極小的火力
即可，不然水分還沒出來就會燒
焦了。

028 / 029

專欄

超好吃的「鍋煮白飯」！

　　用鑄鐵鍋煮飯非常好吃，可以説是鑄鐵鍋的一大賣點，也是許多新社員常問的問題。要煮出粒粒分明的美味白飯，其實比想像中還要簡單！

《 掌握適當的飯量 》

鍋子大小不同，適合煮的飯量也不太一樣，保留適當循環空間，煮出來的米粒飽滿又好吃！ Staub 有推出專門的飯鍋，如果沒有，其他鍋型也同樣能煮出好吃的白飯。建議的米量參考如下：

	飯鍋		其他鍋型				
尺寸（cm）	16	20	16	18	20	22	24
建議米量（杯）	2.5 - 3	3 - 4	0.5 - 1.5	1 - 2	2 - 3	3 - 4	4 - 5

《 白米：水 = 1：1~1.1 》

水越多，飯的口感越軟，請依照自己的喜好、使用的米來斟酌調整水量。

《 煮出好吃白飯的方法 》

各家煮飯方式略有差異，以下是來自社友提供，高成功率又簡單的方法！

瓦斯爐版 COCO / 提供
① 白米泡水 20 分鐘後瀝乾。
② 在鍋中加入需要的水量，煮滾後倒入米。
③ 再次煮滾後稍微攪拌，上蓋轉米粒火，計時 8 分鐘。
④ 熄火後燜 15 分鐘，開蓋鬆飯即完成！

電爐版 張誦芬 / 提供
① 白米泡水 20 分鐘後瀝乾。
② 米和需要的水量一起入鍋，先大火煮滾，再轉中小火。
③ 上蓋，計時 8 分鐘（來不及泡米的話煮 10 分鐘）。
④ 熄火，燜 10 分鐘後鬆飯（2 分鐘時將飯鍋移開爐面，避免持續加熱）。

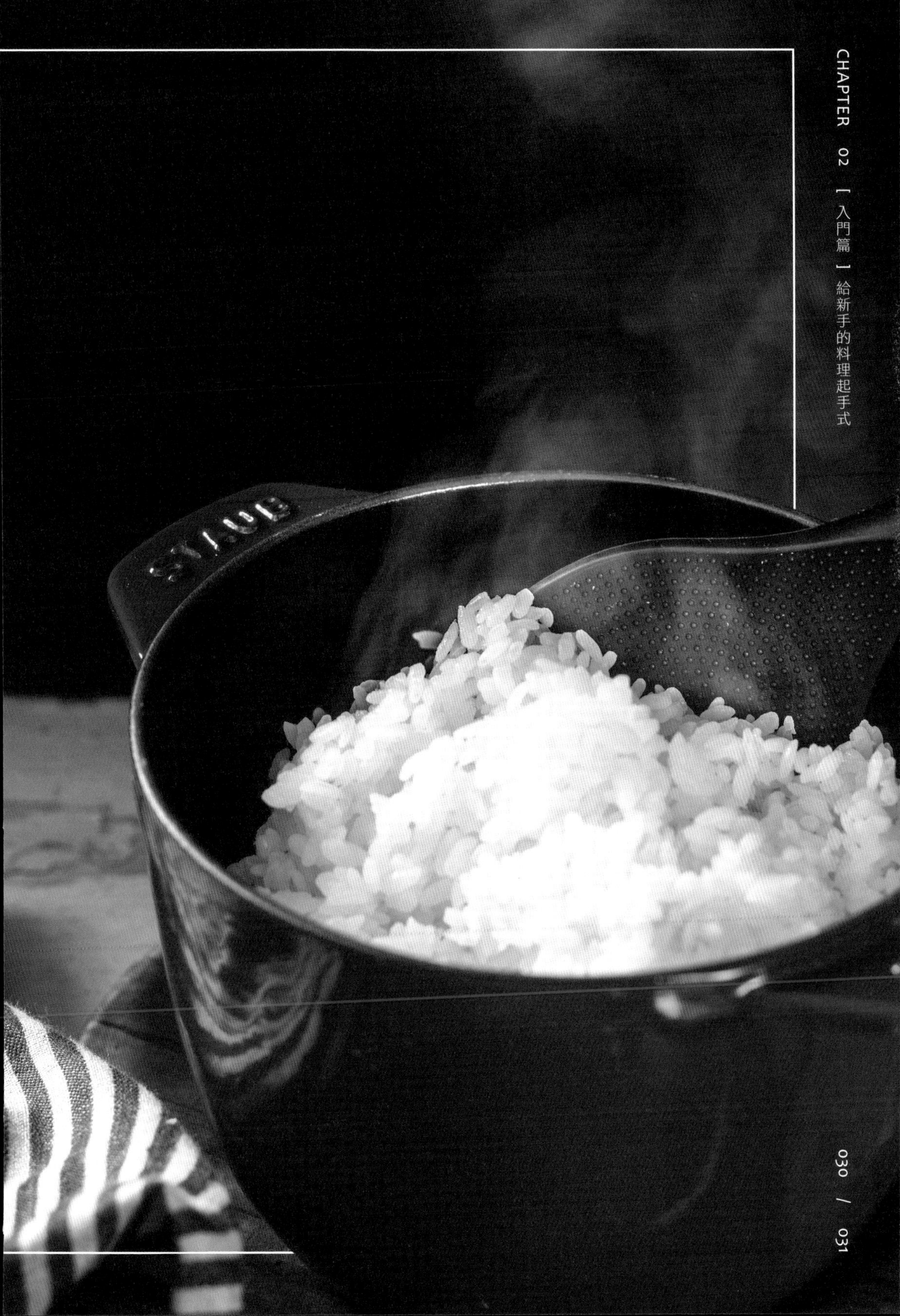

CHAPTER

3

實作篇

快速導熱！榮登忙碌救星的

簡單家常菜

Delicious Everyday

鑄鐵鍋的熱傳導性好、加熱快,食材熟得快,
因為味道不容易流失,可以讓同樣的料理,更省時省力更好吃!
是每天與三餐奮鬥的家庭主婦、主夫們的最佳好朋友。

食譜提供

湯湯

香蔥豬五花

🍲 烹調 **28cm 淺燉鍋** | ⬭ 擺盤 **26cm 煎鍋**
🕐 時間 **8 分鐘**

材料 4 人份

豬五花肉片 ...... 約 300g
蔥 .... 3 根
食用油 .... 1 大匙

調味料

鹽 .... 1/2 小匙
胡椒粉 .... 1/2 小匙
香油 .... 3 大匙
醬油 .... 適量

作法

1 將豬五花加入醬油稍微抓醃一下。

2 蔥切蔥花，放入一個空碗中，加入鹽、胡椒粉拌均勻。

3 將鍋子加熱下香油，待油熱後淋在蔥花上面，再攪拌均勻即可。

4 原鍋下食用油，再下豬五花肉片煎熟。

5 豬五花煎熟後盛盤，再將香蔥直接擺放在肉片上即可。

食譜提供

L.c. Wang
王玲娟

雙筍豬肉捲

🍲 烹調 **24cm 和食鍋**
🍽 擺盤 **36cm 長盤、14cm 烤盤**
🕐 時間 **15-20 分鐘**

材料　3 人份

豬五花肉片	350g
蘆筍	1 把
玉米筍	1 盒
食用油	適量

調味料

鹽、胡椒	少許
太白粉	少許

【 醬汁 】

蒜泥	2-3 瓣
醬油	20cc
味酥	20cc
酒	2 大匙
糖	3-5g
太白粉	少許

作法

1 蘆筍去硬皮後切段。豬肉片上撒少許胡椒及鹽，將蘆筍及玉米筍分別捲起來。

2 捲好的肉捲表面撒少許鹽及胡椒調味，接著均勻沾裹一層薄太白粉。

3 將醬汁材料混合均勻備用。

4 熱鍋加油，將肉捲各面煎至金黃。

5 煎上色後，用廚房紙巾擦去鍋中多餘油脂。

6 倒入醬汁，煮到差不多收汁即可。

TIPS 步驟 1、2 的鹽一點點就好，避免加入醬汁後過鹹。

黑胡椒豬柳

🍳 烹調 **26cm** 淺燉鍋
🍽 擺盤 **26cm** 三合一烤盤
🕐 時間 **30** 分鐘

材料 5人份

豬梅花肉 .... 約 400g
洋蔥 .... 1 顆（約 200g）
蒜頭 .... 5 瓣
蔥 .... 3 根
鴻喜菇 .... 1 包
甜椒 .... 1/2 顆
青椒 .... 1/2 顆
辣椒 .... 數片
食用油 .... 1 大匙

調味料

【 醃料 】
醬油 .... 1 大匙
米酒 .... 1 小匙
白胡椒粉 .... 些許
太白粉 .... 1/2 小匙

【 醬汁 】
蠔油 .... 2 大匙
醬油 .... 1 小匙
糖 .... 1 小匙
太白粉 .... 1 小匙
黑胡椒粗粒 .... 2 小匙
水 .... 5 大匙

作法

1 蒜頭切末。蔥切段、分成蔥白蔥綠。洋蔥切條。鴻喜菇切掉根部
  剝散。青椒、甜椒切成寬約 1cm 長條。

2 將梅花肉切成約手指粗細，加入醃料抓醃後，靜置至少 20 分鐘。

3 將醬汁材料混勻。

4 熱鍋下 1 大匙食用油，放入豬柳煎至金黃，盛出備用。

5 全程中火，原鍋下洋蔥翻炒至油亮，再加入蒜末、蔥白段拌炒出
  香氣。

6 加入鴻喜菇炒至稍微軟化後，放入豬柳拌炒約 30 秒。

7 倒入甜椒、青椒與醬汁，翻炒至豬肉全熟，起鍋前加上青蔥段、
  辣椒即可。

TIPS 黑胡椒可根據自身口味調整用量。

咖哩肉末

🍲 烹調 **18cm 圓鍋** | ◎ 擺盤 **24cm 湯盤**
🕐 時間 **30 分鐘**

食譜提供

Ellen Chou

材料 4 人份

低脂豬絞肉 600g
蒜頭 .... 2 瓣
辣椒 .... 1/2 根
食用油 .... 1 小匙
熱水 150cc

調味料

咖哩粉 .... 2 大匙
鹽 .... 1.5 小匙
黑胡椒粉 .... 適量
紅椒粉 .... 1 小匙
　（增添香氣用，可省略）
米酒 .... 2 小匙

作法

1 蒜頭切末，辣椒切圈。

2 熱鍋後放入食用油，用油刷
　塗勻鍋底。

3 絞肉下鍋，炒至變白鬆散後
　轉小火。

4 下蒜末、辣椒與米酒拌炒。

5 加入咖哩粉炒出香氣後，倒
　入熱水煮約 10 分鐘。

6 最後加鹽、黑胡椒、紅椒粉
　拌勻，小火燜煮 10 分鐘即
　可享用。

TIPS

這道是湯汁少的便當
菜、下飯料理，喜愛有
湯汁的，水分、調味可
自行調整。

免炸千層起司豬排

🍳 烹調 **24cm 淺燉鍋** | 🍽 擺盤 **多功能料理板** | 🕐 時間 **35-40 分鐘**

食譜提供

Molly Chang

（材料） 2 人份

豬梅花火鍋肉片
.... 200g（約 16 片）
起司片 .... 2 片
麵包粉 50g
洋蔥 .... 1/4-1/8 顆
蒜頭 .... 1 瓣

（調味料）

酪梨油或無味植物油 5g

【 醃料 】
番茄醬 .... 2 大匙
梅林醬油 .... 1 大匙

【 醬汁 】
番茄醬 100g
梅林醬油 10g
蜂蜜 10g
砂糖 5g
黑胡椒 1g

（作法）

1 洋蔥切碎，蒜頭切碎。

2 將麵包粉與植物油輕柔拌勻，入鍋乾炒至金黃上色後，起鍋備用。

3 肉片擺放整齊，用廚房紙巾吸乾兩面血水，再捲入起司片備用。

4 將醃料混勻，塗抹於肉排表面，冷藏靜置 10-15 分鐘（此時預熱烤箱 200℃）。

5 準備肉排醬汁：將洋蔥碎、蒜碎和醬汁材料一同入鍋，煮沸即可離火備用。

6 自冰箱取出肉排，再次塗刷醃料，並將表面均勻沾裹步驟 2 的麵包粉。

7 將肉排放入預熱好的烤箱中層，以 180℃ 烤 15-20 分鐘即可出爐，淋上醬汁，或是用吐司等喜歡的麵包做成三明治享用！

TIPS

◆麵包粉拌入油脂再乾炒，可使口感更加酥脆，近似炸物。

◆超市肉片販賣時皆已擺放整齊，吸乾表面血水即可包捲起司，非常方便省事。

◆各品牌烤箱的溫度、預熱時間不盡相同，請依實際狀況調整；若肉排捲太厚，烘烤時間亦須加長。

◆肉排裹附麵包粉時，可用雙手輕壓，使麵包粉確實附著在肉排表面。

奶油蒜香
骰子牛拼盤

食譜提供

張誦芬

🍲 烹調 **23cm 煎烤盤** | ▢ 擺盤 **23cm 煎烤盤** | 🕐 時間 **15 分鐘**

材料 1-2 人份

牛排	200g
蒜頭	2-3 瓣
玉米粒	100g
紅椒、黃椒、櫛瓜	共 100g
奶油（拌玉米用）	10g
奶油（煎牛肉用）	15g
橄欖油	約 10cc

調味料

玫瑰鹽	適量
黑胡椒	適量

作法

1 奶油放置室溫軟化。

2 大蒜切片、牛排切成約 2cm 立方體，其餘蔬菜切成約一口大小。

3 將玉米粒放入 10g 軟化奶油中，牛排、蔬菜置於不同容器，並淋上橄欖油拌勻。

4 熱鍋後轉小火，鍋內噴或刷上薄薄一層橄欖油，先放入玉米粒稍微拌炒。

5 將玉米粒推到一邊，烤盤中間放入些許奶油，將蒜片煎至金黃。

6 將金黃蒜片推到一邊，另一邊放入骰子牛，煎至兩面金黃。

7 再將骰子牛推到旁邊，放入蔬菜稍微拌炒後，蓋上鍋蓋燜 10 分鐘。

8 上桌前以玫瑰鹽與黑胡椒調味即可。

TIPS

◆這道料理是「一鍋到底」的「一人食」，可為一人份獨享餐，也可為多人食用時的菜餚，對於只有一口爐的人非常簡便。

◆可以自行調整澱粉、蛋白質、蔬菜的比例，成為適合自己的拼盤內容。

◆蔬菜類與調味料可依手邊食材或個人喜好調整，多人時加倍分量即可。

食譜提供

張秀珍

涼拌雞絲

🍲 烹調 **18cm 圓鍋** ｜ 🍽 擺盤 **17cm 橢圓烤盤**
🕐 時間 **15 分鐘**

（**材料**） 2-3 人份

雞胸肉 .... 1 片（約 150g）
小黃瓜 50g
洋蔥 50g
甜椒 50g
蔥 30g
蔥段（煮雞肉用）........ 2-3 根
薑片（煮雞肉用）........ 2-3 片
鹽 .... 1/2 小匙

（**調味料**）

蒜頭 .... 1 瓣
辣椒 .... 1 根
白芝麻 .... 1 大匙
淡醬油 .... 1 大匙
蠔油 .... 1 小匙
胡椒鹽 .... 1/2 小匙
香油 .... 1 大匙

（**作法**）

1 所有蔬菜切絲。蒜頭、辣椒切末。

2 滾水中加入鹽、薑片、蔥段和雞胸肉，
  再次水滾後上蓋，關火燜 8-10 分鐘。

3 取出雞肉稍微放涼，撕成雞絲。

4 將雞肉絲與所有蔬菜、調味料拌勻。

TIPS

◆ 鑄鐵鍋保溫性佳，用
  餘溫就可以燜熟雞
  肉，口感軟嫩不柴。

◆ 不喜歡雞胸肉的人，
  也可以改用雞腿肉。

◆ 香油可換成其他油。

食譜提供

Jane
Chuang

梅汁照燒雞

🍳 烹調 **20cm** 煎鍋 | 🍽 擺盤 **23cm** 煎烤盤
🕐 時間 **30 分鐘**

材料 4-6 人份

去骨雞腿排 .... 2 片（約 600g）
梅子（白話梅或甘甜梅）......... 6-8 顆
熱水（泡開梅子用）............. 150cc
白芝麻 .... 適量

調味料

白醬油 .... 1.5 大匙
薄鹽醬油 .... 1 小匙
味醂 .... 1 大匙
清酒 .... 2 大匙
砂糖 .... 1 大匙

【 醃料 】

鹽 .... 1 小匙

作法

1 雞腿排去除多餘的筋膜、油脂、軟骨，在雞皮面用刀或叉子
  戳幾個洞，均勻抹鹽後靜置 5 分鐘。

2 梅子用熱水泡開備用。

3 熱鍋後加少許油，將雞腿排醃料拭乾，雞皮面朝下入鍋，煎
  約 7-8 分鐘，煎出油脂。

4 雞皮煎至金黃上色後，用廚房紙巾擦去鍋中多餘油脂，翻面
  煎 3-5 分鐘。

5 將調味料放入泡開的梅汁中混勻，
  連同梅子一起倒入鍋中煮 3-5 分鐘
  關火。

6 先取出雞肉，蓋上鋁箔紙靜置 5 分
  鐘，同時開火將鍋中的醬汁收稠。

7 將雞肉切成適口大小，淋上醬汁、
  撒上白芝麻即可上桌。

TIPS

收稠醬汁時可加
入彩椒及洋蔥，
與梅汁照燒雞很
對味喔！

食譜提供

Michelle

洋蔥燒鴨

🍲 烹調 **26cm 淺燉鍋** ｜ ◎ 擺盤 **20cm 煎鍋**
🕐 時間 **40 分鐘**

材料 2 人份

鴨腿 .... 2 隻
洋蔥 .... 2 顆
水 300cc

調味料

薄鹽醬油 20cc

【 醃料 】
米酒 .... 適量
鹽、胡椒 .... 適量

作法

1 鴨腿先以醃料稍微抓醃，
　放保鮮盒抽真空。洋蔥切
　細絲備用。

2 鑄鐵鍋熱鍋後，先把鴨腿
　皮面朝下，煸出油來，再
　將兩面煎香，取出備用。

3 原鍋放入洋蔥絲，小火慢
　慢炒香，再放回鴨腿，倒
　入水與薄鹽醬油，小火慢
　燉 30 分鐘即可。

TIPS

◆ 醃料的米酒、鹽、胡椒
　沒有一定比例，依個人
　習慣調味。

◆ 若沒有真空盒，鴨腿醃
　好後建議放隔夜會比較
　入味。

食譜提供

Emely Wu
吳惠婷

香料醬烤雞腿

🍲烹調 **33cm 烤盤** ｜ 🍽擺盤 **33cm 烤盤** ｜ ⏰時間 **55 分鐘**

材料　3-4 人份

去骨雞腿 .... 2 隻（約 900g）
甜椒、青椒 .... 共 3 顆
小番茄 .... 15-20 顆
蒜頭球 .... 1 顆
九層塔 20g
迷迭香 .... 1 大枝

調味料

黑胡椒 5g

【醃料】

醬油 .... 1 大匙
米酒 .... 1 大匙
海鹽 .... 1 小匙
義式綜合香料 .... 2 大匙
咖哩粉 .... 1 大匙

作法

1 甜椒、青椒切片。蒜頭球不用去皮，剝開備用。雞腿用叉子稍微刺幾個洞，用醃料抓醃按摩一下後，冷藏靜置至少 2 小時入味。

2 將雞腿皮面朝下，放入烤盤稍微煎上色。

3 在烤盤中將雞腿翻面（皮面朝上），放入甜椒、青椒、小番茄、蒜頭球，撒上少許黑胡椒。

4 將烤盤放入預熱好的烤箱中，以 190°C 烤約 45 分鐘至熟透。

5 取出後以九層塔、迷迭香擺盤，上菜囉！

TIPS

◆烘烤時間僅供參考，如果雞腿越大隻，所需時間越久，須依實際情況斟酌。

◆蔬菜稍微切大塊一點，跟雞肉一起烤完才不會太軟爛。

◆雞腿先煎過顏色比較漂亮，口感比較好。若想更方便也可以直接整盤烤。

馬告鹽焗蝦

🍲 烹調 **24cm** 和食鍋 | 🍽 擺盤 **24cm** 和食鍋
🕐 時間 **15 分鐘**

材料 2人份

泰國蝦 .... 7-8 尾

調味料

鹽 300g
八角 .... 3 粒
馬告 .... 1 小匙
甘草 .... 1 片

作法

1 將蝦頭的刺與鬚腳剪除乾淨，以牙籤去除腸泥。

2 將所有調味料放入鍋中，中火炒約 3 分鐘至香氣出現，取出 40g 鹽備用。

3 擺入蝦子，接著在上方均勻鋪回 40g 鹽。

4 上蓋，中火煮 6 分鐘。

TIPS

◆ 蝦子不用開背，避免過鹹。

◆ 鑄鐵鍋蓄熱力很好，不用加熱太久就能快速熟成。

◆ 剩餘乾淨的鹽可當餐使用於炒菜或煮湯。

食譜提供

Jane
Chuang

味噌奶油燒鮭魚

🍲 烹調 **31cm 魚碟鍋** ｜ ◯ 擺盤 **28cm 圓盤**
🕐 時間 **15 分鐘**

材料　4-6 人份

鮭魚 .... 1 片（約 400g）
美白菇 .... 1/2 包
鴻喜菇 .... 1/2 包
食用油 .... 1 小匙

調味料

無鹽奶油 15g
白味噌 .... 1 大匙
砂糖 .... 1 大匙
味醂 .... 1 大匙
清酒 .... 2 大匙
白醬油 .... 1 大匙
黑胡椒 .... 適量

【 醃料 】
鹽 .... 1/2 小匙
清酒 .... 1 小匙

作法

1 美白菇、鴻喜菇去除根部後剝小
　朵。鮭魚用廚房紙巾拭乾水分，
　抹上醃料靜置 5 分鐘後，再次拭
　乾醃料及水分。

2 熱鍋下 1 小匙油潤鍋，轉小火，
　放入鮭魚煎約 3-4 分鐘後翻面，
　放入菇類翻炒。

3 將鮭魚再次翻面，放入奶油及其
　他調味料，用湯匙將醬汁淋在魚
　上，煮至湯汁收稠。

TIPS

◆ 上桌前，可再依喜好撒上黑胡
　椒及香菜末或巴西里裝飾。

◆ 美白菇及鴻喜菇可替換成喜歡
　的菇類，或是添加洋蔥絲。

◆ 味噌的鹹度會影響整道料理的
　甜度是否平衡，但因各品牌鹹
　度不一，請依個人喜好調整砂
　糖用量，以達到最佳風味。

地中海紙包魚

🍳烹調 **33cm 魚拓鍋** ｜ 🍽擺盤 **33cm 魚拓鍋** ｜ ⏱時間 **40 分鐘**

材料 4 人份

鱸魚或午仔魚 .... 1 尾
馬鈴薯 .... 1 顆
小番茄 .... 8 顆
花椰菜 .... 6 小朵
薑 .... 3 片
檸檬 .... 1 顆
新鮮迷迭香 .... 1 枝

調味料

鹽 .... 1 小匙
黑胡椒粉 .... 少許
義式綜合香料 .... 1 小匙
橄欖油 .... 2 大匙

作法

1 馬鈴薯切薄片。檸檬切片。

2 在魚拓鍋上鋪烘焙紙，淋 1 大匙橄欖油，放入馬鈴薯片，撒鹽、黑胡椒粉。

3 魚肚中塞薑片、檸檬片、迷迭香，魚身抹鹽、義式綜合香料、黑胡椒粉。

4 周圍擺上小番茄、花椰菜後，整體再淋上少許橄欖油。

5 將烘焙紙確實包緊，放入預熱好的烤箱，以上下火 200°C 烤 30 分鐘。

6 取出後去除魚肚中的材料，再依喜好擺檸檬片、薑絲與迷迭香裝飾即可。

TIPS

◆烘焙紙要確實包緊，才能鎖住香氣！

◆義式綜合香料可用百里香或迷迭香等任何義式香料取代。

食譜提供

湯湯

蒜味奶油透抽圈

🍲 烹調 **16cm** 和食鍋 ｜ 🍳 擺盤 **20cm** 煎鍋
🕐 時間 **8** 分鐘

材料　4 人份

透抽 ...... 1 隻（約 200g）
蒜頭 .... 約 10 瓣
香菜 .... 1 小把
食用油 .... 1 大匙

調味料

無鹽奶油 30g
米酒 .... 1 大匙
黑胡椒 .... 1/2 小匙

作法

1 透抽洗淨切圈，蒜頭切末備用。

2 熱鍋下食用油、蒜末，小火炒出蒜香味。

3 再將透抽下鍋炒約七分熟後，加入無鹽奶油，再下米酒、黑胡椒，中火炒熟，同時讓水分稍微收乾。

4 裝盤後取一點香菜擺上面裝飾即可。

食譜提供

王怡文

蝦仁蒸蛋

🍲 烹調 **16cm 和食鍋** | ◻ 擺盤 **16cm 和食鍋**
🕐 時間 **20 分鐘**

材料 3-4 人份

雞蛋	4 顆
蝦子	6 隻
紅甜椒	少許
蔥花	適量

調味料

鹽	1-2 小匙
高湯	300cc
日式醬油	20cc
白芝麻油	少許

【 醃料 】

米酒	2 大匙
白胡椒粉	少許

作法

1 紅甜椒切小丁。蝦子去殼、開背、去腸泥，用醃料抓醃備用。

2 蛋液加鹽、均勻打散後，加入醬油、高湯混勻。

3 將蛋液過篩到小鍋中，並撈除表面泡沫。

4 蓋上鍋蓋後，將鍋子放入電鍋中，大約蒸 12 分鐘至蛋液略微凝固。

5 在蒸蛋表面鋪入蝦仁，蓋回鍋蓋蒸 4 分鐘，起鍋後再淋白芝麻油，撒蔥花、甜椒丁裝飾即完成。

TIPS

◆ 混合後的蛋液過篩、撈除泡沫，蒸出來的蛋才會細嫩光滑。

◆ 蒸的時候蓋上鍋蓋，可以防止鍋內蒸氣滴落，導致蒸蛋表面不平滑。

◆ 這個比例的蒸蛋口感軟嫩，若喜歡硬一點，高湯量可斟酌減少。

◆ 若沒有電鍋，可以改在大鍋中加水，再放入蛋液小鍋。先大火蒸 3 分鐘，再轉中小火蒸 20 到 25 分鐘。

鮭魚沙拉

🍲 烹調 **24cm 淺燉鍋** | ⬭ 擺盤 **21cm 橢圓烤盤**
🕐 時間 **20 分鐘**

材料 1人份

鮭魚 .... 1/2 片（約 180g）
生菜 .... 1 株
小番茄 .... 12 顆
小黃瓜 .... 1 條
櫻桃蘿蔔 .... 2 顆（可省略）
日本山藥 .... 1 小段
紫洋蔥 .... 1/6 顆
堅果 .... 8 顆
橄欖油 .... 1 大匙

調味料

義式綜合香料 .... 1 大匙
　　　　（或方便取得的香草）
奶油 .... 少許
鹽（殺青用）..................... 適量

【 醬汁 】

橄欖油 .... 1 大匙
芥末籽醬 .... 1 大匙
香草鹽或黑胡椒鹽 .... 適量
檸檬汁 .... 1/2 顆的量

作法

1 將小黃瓜和櫻桃蘿蔔切片，用鹽抓一抓殺青，泡冰水 5 分鐘。

2 鮭魚切塊。小番茄對切，山藥削皮切丁，紫洋蔥切絲備用。

3 熱鍋後加入 1 大匙橄欖油，放入鮭魚煎至焦香，最後加點奶油、撒上義式綜合香料。

4 將所有材料盛盤，和堅果、混勻的醬汁拌勻，即可享用。

TIPS

◆此處使用糖果（四色）番茄，讓顏色更豐富，若沒有，用一般小番茄即可。水果椒也是可以使用的食材選項。

◆鮭魚也可以用蝦或牛肉替換成不同的風味。

食譜提供

孫夢莒

奶油蒜香蝦

🍲 烹調 **迷你煲** ｜ 🍽 擺盤 **迷你煲鑄鐵鍋**

🕐 時間 **5-8 分鐘**

材料　2 人份

蝦	8 隻
蒜末	20g
橄欖油	1 大匙

調味料

無鹽奶油	50g	【 醃料 】	
白葡萄酒	15cc	鹽	1/2 小匙
鮮奶油	200cc	黑胡椒	1/2 小匙
黑胡椒	1/2 小匙	玉米粉	1 小匙

作法

1 蝦子去頭、去殼、開背、去腸泥。

2 處理好的蝦子加入醃料，醃 20 分鐘。

3 熱鍋加入橄欖油，放入蝦子煎至兩面金黃，取出備用。

4 原鍋放入無鹽奶油、蒜末，炒到蒜香味出來，再加入白
　葡萄酒、鮮奶油、黑胡椒拌勻。

5 將蝦子放回，煮約 3 分鐘就完成了。

鹽烤午仔魚

🍲 烹調 **33cm 魚拓鍋** ｜ 🍽 擺盤 **33cm 魚拓鍋**
🕐 時間 **15 分鐘**

材料 4 人份

午仔魚 .... 2 尾
蒜頭 .... 4-6 瓣
蔥 .... 1 根
薑 .... 1 小段
粗鹽 .... 1/3 包

作法

1 將薑切片，蔥切段，和蒜頭一起填入魚肚後，將魚的表面水分拭乾。

2 在鍋中倒入粗鹽，開中小火炒至泛黃後，放入魚，再將部分的鹽翻到魚上，若不夠覆蓋再額外補鹽。

3 蓋上鍋蓋，轉小火煮 15 分鐘後，關火燜 5 分鐘，起鍋開蓋！

TIPS

◆使用粗鹽或細鹽都可以，需注意魚身不要有水分，以免鹽溶化、鹹度太高。

◆鹽烤魚不會吃皮，所以不去鱗也沒有關係。

◆判斷魚肉是否熟，起鍋前拿筷子插入，能輕鬆穿透即可。

◆利用鑄鐵鍋保溫鎖水的特性將魚燜熟，吃起來軟嫩多汁！

◆起鍋後記得開蓋，避免燜太久過熟不好吃。

蝦仁拌鮮蔬

🍳 烹調 **20cm** 平煎鍋 ｜ 🍽 擺盤 **29cm** 橢圓烤盤 ｜ ⏰ 時間 **30 分鐘**

材料 4 人份

蝦仁	300g
小番茄	10 顆
綜合生菜	300g
紫洋蔥	200g
小黃瓜	1 條
橄欖油	2 大匙

調味料

法式芥末醬	1 大匙
薑黃粉	1 小匙
橄欖油	1 大匙
檸檬汁	2 大匙
蜂蜜	3 大匙
鹽	1 小匙
檸檬皮屑	適量

【 醃料 】

米酒	1 大匙

作法

1 蝦仁以米酒稍微抓醃後，靜置約 10 分鐘，再拭乾表面水分。

2 生菜洗淨並瀝乾水分，撕成適口大小。小番茄切半，紫洋蔥切絲，小黃瓜刨片捲成螺旋狀。

3 先以中小火熱鍋後加 2 大匙橄欖油，放入蝦仁煎香，起鍋備用。

4 在盤中以生菜鋪底，放入蔬菜和蝦仁，再淋上混勻的調味料即可。

TIPS

◆生菜泡過冰水更翠綠爽口。

◆如果有的話可以加入適量藜麥爆米花，增添口感。

◆蝦仁換成義大利生火腿也一樣很對味。

食譜提供
Emely Wu
吳惠婷

奶油檸檬鮭魚

🍲 烹調 **33cm 魚拓鍋** ｜ 🍽 擺盤 **33cm 魚拓鍋** ｜ 🕐 時間 **30 分鐘**

材料 3-4 人份

鮭魚菲力 ..... 3 片（約 600g）
奶油 80g
黃檸檬 .... 2 顆
香菜 .... 少許
牛番茄 .... 1 顆
新鮮迷迭香 3g

調味料

海鹽 .... 適量（約 5g）
黑胡椒 3g

作法

1 黃檸檬榨汁、部分皮刨細絲備用。香菜切碎、牛番茄切片備用。

2 鍋中放奶油，開火煮融後，鮭魚皮面朝下入鍋煎約 4 分鐘，再翻面煎 2 分鐘後離火。

3 將黃檸檬皮絲放入煎鮭魚的鍋中增添香氣。再加入約 1.5 顆的檸檬汁，並撒一點黑胡椒和海鹽。

4 放入預熱好的烤箱，以 180°C 烤 10 分鐘。

5 取出後撒上香菜碎，擺上牛番茄片以及新鮮迷迭香即可。

TIPS

◆ 烤箱的時間和溫度僅供參考，請依實際狀況調整。

◆ 用鑄鐵烤盤煎鮭魚時，烤盤需要夠熱才有不沾的功能。

食譜提供

Robo 丁丁

鳳腿蛋鑲香菇

🍲 烹調 **24cm 烤盤** | 🍽 擺盤 **36cm 長盤**
🕐 時間 **30 分鐘**

材料 4 人份

鮮香菇 .... 6 朵
水煮蛋 .... 3 顆
毛豆仁 20g
尾部帶殼蝦仁 .... 5 隻
臘腸片或火腿片 .... 3 片
麵粉 .... 1 大匙
麵包粉 .... 2 大匙

調味料

糖 .... 2 小匙
白胡椒粉 .... 1 小匙
雞粉 .... 2 小匙

作法

1 香菇去梗。

2 蝦仁切下一小段帶殼的尾巴,其餘切碎,與毛豆
用滾水汆燙後瀝乾。

3 水煮蛋用菜刀壓碎。

4 將毛豆、蝦仁碎、臘腸片碎或火腿片碎、水煮蛋
碎與調味料混拌均勻。

5 香菇內面抹上麵粉,填入步驟 4 的餡料,插入帶
殼蝦尾部,撒上麵包粉,放入烤箱中,以 200°C
烤 20 分鐘,完成。

CHAPTER

4

實作篇

鎖住精華！聚集食材鮮美的

無水&燉煮料理

Delicious Everyday

鑄鐵鍋導熱均勻、鍋身厚重，水氣會在鍋內循環不流失，
更能夠完整保留住蔬菜、肉類本身的水分和精華，
用小火就能煮出好吃入味的無水料理及燉煮菜！

無水番茄牛肉

🍲 烹調 **22cm 圓鍋** | 🍽 擺盤 **22cm 湯盤**

🕐 時間 **75 分鐘**

食譜提供

李婉菁

材料　4-5 人份

牛腱 .... 約 900g
牛番茄 .... 6 顆
紅蘿蔔 .... 1 條
洋蔥 .... 1 顆
蔥 .... 2 根
蒜頭 .... 5 瓣
薑片 .... 5 片
食用油 .... 1 小匙

調味料

米酒 .... 1 大匙
豆瓣醬 .... 1 大匙
冰糖 .... 1 大匙
黑胡椒粉 .... 1/4 小匙
鹽 .... 1/4 小匙
義式綜合香料 .... 1/4 小匙

作法

1 牛腱切塊，以滾水汆燙後，撈起備用。

2 牛番茄切塊，紅蘿蔔去皮切塊，洋蔥去皮切塊，蔥切段備用。

3 鍋熱加 1 小匙油，爆香薑片及蒜頭。

4 放入汆燙過的牛腱塊，拌炒至金黃上色後起鍋備用。

5 原鍋內依序放入牛番茄、紅蘿蔔、洋蔥及炒過的牛腱，上面鋪蔥段。

6 接著加入米酒、冰糖、豆瓣醬、黑胡椒，上蓋後小火燉煮 60 分鐘。

7 開蓋拌勻試味道，加鹽及義式綜合香料調味後，再燉煮 15 分鐘即可。

TIPS

◆牛腱可以用牛肋條取代。

◆鹽量可以依自己的口味增減。

◆不喜歡番茄皮口感的人，可以先在牛番茄底部用刀劃十字，過滾水去皮再下鍋。

食譜提供

Coco

魚香茄子煲

🍲烹調 **20cm 和食鍋** | 🍽擺盤 **迷你煲鑄鐵鍋** | 🕐時間 **10 分鐘**

材料 4 人份

茄子	3 條
絞肉	半盒（約 100g）
蒜末	15g（約 5 瓣）
薑末	10g
九層塔	1 把
食用油	1 大匙

調味料

豆瓣醬	2 大匙
醬油膏	1 大匙
米酒	4 大匙
糖	1 小匙

作法

1 茄子切滾刀塊。九層塔切碎。

2 熱鍋下 1 大匙油，放入蒜末、薑末炒香。

3 接著加入絞肉炒香。

4 加入豆瓣醬炒香，再加醬油膏、米酒、糖。

5 放入九層塔碎，再加入茄子，轉中火，上蓋煮 3 分鐘。

6 開蓋拌勻即可上菜。

TIPS

◆煮茄子的過程不可掀蓋，才能保持紫色。

◆九層塔切碎拌炒，香氣更濃郁。

◆豆瓣醬可以換成辣豆瓣醬或辣椒醬。

◆也可以加入黑木耳碎與絞肉一起拌炒，增添風味。

食譜提供

陳儷方

無水青花椒蔥油雞

🍲 烹調 **18cm 圓鍋** | ◎ 擺盤 **18cm 圓鍋** | 🕐 時間 **20 分鐘**

材料 4 人份

仿土雞腿 ..... 1 隻（約 500g）
洋蔥 .... 1 顆
蔥 .... 4 根
辣椒 .... 1 根
薑片 .... 6 片
青花椒 .... 2 大匙
食用油 .... 4 大匙

調味料

【 醃料 】
醬油 .... 2 大匙
蠔油 .... 1 大匙
米酒 .... 3 大匙
鹽 .... 1 小匙

作法

1 雞腿去骨切小塊，以醃料抓醃靜置 1 小時。

2 洋蔥切大塊。蔥 2 根切段，2 根切絲。辣椒切絲。

3 先將洋蔥塊、蔥段、薑片平鋪鍋底，放上醃好的雞腿肉。

4 蓋上鍋蓋，中火煮 15-20 分鐘。

5 另取一小鍋，將 4 大匙油燒熱備用。

6 打開鍋蓋後，擺入蔥絲、青花椒、辣椒絲，再淋上熱油即可。

TIPS

◆ 吃完後剩餘的湯汁可以拿來煮寬粉，味道很好吃！

◆ 若是嫩薑季節，薑片可以使用嫩薑，非常美味喔。

◆ 食譜示範的辣椒是為了增加香氣與配色，不會辣。

食譜提供

李婉菁

樹子蒸鱈魚

🍲 烹調 **23cm 煎烤盤** ｜ 🍽 擺盤 **23cm 煎烤盤**
🕐 時間 **10 分鐘**

材料 2-3 人份

比目魚切片 .... 1 片（約 300g）
蔥 .... 1 根
薑 15g
水 .... 1 大匙

調味料

米酒 .... 1 大匙
甘樹子 .... 1 大匙
甘樹子醬汁 .... 1 大匙

作法

1 薑一半切片，一半切絲。蔥白切段，蔥綠切絲。

2 比目魚先用廚房紙巾拭乾多餘水分。

3 在鍋底鋪入薑片、蔥白段，再放比目魚。

4 淋入米酒、水、甘樹子醬汁，再擺上薑絲及甘樹子。

5 上蓋，用小火煮 10 分鐘後關火。

6 起鍋後再放入蔥絲即可。

TIPS

甘樹子醬汁也可保留 5cc，起鍋再均勻淋在魚片表面。

食譜提供

江佳君

墨魚大燴

🍲 烹調 **24cm 圓鍋** | 🍽 擺盤 **24cm 湯盤** | 🕐 時間 **120 分鐘**

材料 6 人份

五花肉（或梅花肉） 1000g
大花枝 1000g
蔥 .... 3 根
薑片 .... 10 片

調味料

紹興酒 50cc
醬油 50cc
冰糖 .... 1 大匙
八角 .... 2 個

作法

1 五花肉切至少 1cm 厚的大塊。大花枝切大塊，先用滾水汆燙備用。蔥切段。

2 熱鍋放入肉塊煎赤赤、煸出油後，再放入蔥段、薑片爆香。

3 加入紹興酒、醬油、冰糖，轉米粒火燒 45 分鐘，並於半小時的時候翻面。

4 肉燒 45 分鐘後加入花枝、八角，再燒 45 分鐘，一樣於半小時翻面，此時湯汁若不夠可酌量加水。

5 關火後再燜 1 小時，讓味道更融合即完成。

TIPS

◆肉和花枝遇熱體積皆會變小，所以不要切太小塊，五花肉至少 1cm 厚。墨魚大燴的花枝一定要夠厚，吃起來才軟嫩夠味。

◆食用前可再依喜好撒香菜或蔥花點綴。或擺上綠花椰等蔬菜添色。

食譜提供

張毓娟

孜然烤排骨

🍲 烹調 **26cm 淺燉鍋** ｜ 🍳 擺盤 **26cm 煎鍋** ｜ 🕐 時間 **85 分鐘**

材料 5人份

豬腩排 600g
洋蔥 .... 1 顆（約 200g）
地瓜 .... 2 條（約 400g）
蔥 .... 2 根
辣椒 .... 1/2 根

調味料

食用油 .... 1 小匙
鹽 .... 1/2 小匙

【 醃料 】

醬油 .... 1 大匙
米酒 .... 1 大匙
蜂蜜 .... 1 大匙
太白粉 .... 1 小匙
蒜末 20g
孜然風味料粉 .... 2 小匙

作法

1 排骨以流水洗淨瀝乾。洋蔥切塊。地瓜切滾刀塊。蔥切成蔥花。辣椒切末。

2 排骨加入醃料抓醃後，靜置至少 30 分鐘。

3 烤箱上下火 180 °C，預熱 15 分鐘。

4 洋蔥與地瓜加鹽和食用油拌勻，鋪平在鍋底，將醃好的排骨擺放在上方。

5 以錫箔紙覆蓋鍋子，放入預熱好的烤箱，以 180 °C 烤 40 分鐘。

6 去除錫箔紙，將烤箱上下火調成 230 °C，續烤 15 分鐘上色。

7 出爐後撒上蔥花、辣椒末，即可上桌。

TIPS

◆ 可直接蓋上鍋蓋烤，但可能不好清洗，建議先以錫箔紙包裹住鍋蓋頭。

◆ 排骨選用腩排或豬小排皆可。

◆ 孜然風味料粉可依喜好自行調整用量。

食譜提供

許淑惠

月見蜜汁叉燒肉

🍲烹調 **26cm 淺燉鍋** ｜ 🍽擺盤 **28cm 圓盤** ｜ 🕐時間 **60 分鐘**

材料　6 人份

梅花肉	900g（約 3 塊）
鹹蛋黃	12 顆
食用油	2 大匙

調味料

蜂蜜	30g
水	30g

【 醃料 】

韓式醃烤肉醬	200g
蜂蜜	30g
米酒	2 大匙

作法

1 梅花肉用廚房紙巾拭乾多餘水分。

2 用刀尖在肉中間戳出一條約 2cm 的開口，將刀平推至肉底（不切斷）。

3 將鹹蛋黃一顆顆從開口塞進去，再用手往內推，使每一個蛋黃緊挨著。

4 用竹籤將肉口封住固定。

5 將肉塊以醃料均勻抓醃，冷藏靜置至少 12 小時，中途取出翻面。

6 將肉塊用紙巾擦乾醃料，中小火熱鍋約 5 分鐘後加油，待油產生油紋後，放入肉塊煎至雙面微焦定型。

7 混合蜂蜜和水。將肉塊放入預熱好的烤箱，以 200°C 烤約 30 分鐘，每 15 分鐘翻面一次，並刷上蜂蜜水，讓表面起焦。

8 烤好後取出稍微放涼，切片擺盤即可。

TIPS

◆ 烤溫和時間請依自家烤箱調整，如豬肉較厚，烤的時間再拉長 5-10 分鐘。

◆ 鹹蛋黃越新鮮，蛋質越細膩。

食譜提供

陳儷方

鹽焗豬心

🍲 烹調 **18cm 圓鍋** | 🍽 擺盤 **22cm 鑽石鍋**
🕐 時間 **60 分鐘**

材料   4 人份

豬心 .... 1 顆
鹽 .... 約 800-1000g

作法

1 豬心洗淨，血管內的血塊也要清除乾淨。

2 用廚房紙巾將整顆豬心擦乾（包含血管內壁）。

3 於鍋底鋪滿 2cm 厚的鹽，放入擦乾的豬心。

4 接著在豬心上倒入鹽至覆蓋豬心。

5 蓋上鍋蓋，小火煮 1 小時。

6 剝開鹽塊取出豬心，去除豬心表面的鹽，切片享用。

TIPS

◆豬心務必徹底擦乾，避免水分溶解鹽巴，導致過鹹。

◆開蓋時鍋蓋平移，避免水分滴入鍋內。

◆香料鹽焗豬心作法：將鹽巴加適量香料（花椒、月桂葉、八角、乾辣椒），開小火炒香後，取出一半，一半留在鍋內，放入擦乾的豬心，再將另一半的香料鹽蓋回去，因為香料鹽已經炒熱了，上蓋小火約 50 分鐘即可。

食譜提供

張秀珍

鳳梨苦瓜紅燒肉

烹調 **26cm 燉淺鍋** ｜ 擺盤 **20cm 烤盤** ｜ 時間 **40 分鐘**

材料 4-5 人份

豬五花 200g
苦瓜 .... 2-3 條（約 550g）
鳳梨 .... 1/2 顆（約 300g）
食用油 .... 1 大匙
水 100-150cc

調味料

辣豆瓣醬 .... 2 大匙
醬油 .... 2 大匙

作法

1 豬五花切成約 0.5cm 的薄片備用。
  鳳梨切片。

2 苦瓜去囊籽、切大塊，放入滾水汆
  燙 3 分鐘，撈起備用。

3 熱鍋下 1 大匙油，放入豬五花煸炒
  約 3 分鐘。

4 加豆瓣醬、鳳梨拌炒至微上色後倒
  水，上蓋以小火燜煮 10 分鐘（期
  間觀察翻動）。

5 加入苦瓜、醬油拌炒，上蓋再燜煮
  10-20 分鐘至入味。

TIPS

調味料中的辣豆瓣醬、醬油因鹹度不同，請自行斟酌用量，或依照個人口味加鹽。

老菜脯蒸魚

🍲 烹調 **33cm 魚拓鍋** ｜ 🍽 擺盤 **33cm 魚拓鍋** ｜ 🕐 時間 **30 分鐘**

材料 4人份

鱸魚 .... 1 尾（約 500g）
老菜脯 15g
薑 15g
蔥 .... 3 根
辣椒 .... 1 根
水 180cc
食用油 .... 1 大匙

調味料

米酒 .... 2 小匙
醬油 .... 2 小匙
魚露 .... 1 小匙

【 醃料 】

米酒 .... 1 小匙
鹽 .... 1 小匙

作法

1 薑切片，蔥白切段。蔥綠切絲、辣椒去籽切絲，泡冰水備用。

2 用飲用水沖去老菜脯表面鹽分，擦乾，切細條狀（可快速煮出香氣）。

3 魚洗淨擦乾，均勻抹醃料，靜置 15 分鐘後擦乾內外水分。

4 鍋中放入水、薑片、蔥白、老菜脯，煮出香氣後關火，倒入所有調味料拌勻。

5 老菜脯推到鍋邊（保持浸在湯汁中），將魚放在薑片、蔥白上，並淋上一些鍋內湯汁。

6 上蓋後以中小火煮至冒煙，轉米粒火蒸 8-10 分鐘，關火燜 8 分鐘。

7 等待蒸魚時，準備一個小鍋燒熱 1 大匙油。

8 開鍋，在魚上淋一些湯汁，放上蔥絲、辣椒絲、一些老菜脯絲裝飾後，沖淋熱油即完成。

TIPS

◆ 這道料理也適合改用其他白肉魚。

◆ 若省略淋熱油增加香氣的步驟，放入蔥絲、辣椒絲後再多燜 2 分鐘。

◆ 蒸魚的時間會受到魚身大小、各家火力大小影響，請依實際情況調整。

◆ 除了老菜脯，破布子、蔭鳳梨、蔭冬瓜也是蒸魚好朋友，可自由變化多種口味。

北非辣茄醬燉蛋

🍲烹調 **24cm 多功能燉鍋** | 🍽擺盤 **20cm 烤盤** | 🕐時間 **40 分鐘**

材料　4 人份

洋蔥 .... 1 顆（約 150g）
紅椒 .... 1/2 顆
橄欖油 .... 2 大匙
奶油 30g
蒜末 .... 2 大匙
雞蛋 .... 依喜好
羅勒 .... 適量（可省略）

調味料

孜然粉 .... 1/2 小匙
煙燻紅椒粉 .... 1/2 小匙
辣味番茄義大利麵醬 800g
巴薩米克醋 .... 2 小匙
鹽 .... 少許

作法

1 洋蔥、紅椒切小丁。羅勒切絲。

2 熱鍋加入橄欖油和奶油，放入洋蔥丁炒至透明變軟，再下紅椒丁略拌炒。

3 加入蒜末拌炒至香味漫出，再下孜然粉和紅椒粉拌勻。

4 加入辣味番茄義大利麵醬、羅勒絲、巴薩米克醋拌勻，上蓋小火略微燉煮。

5 開蓋後煮到稍微收汁，用湯勺在表面壓出數個坑，一個坑打入一顆蛋，再蓋上鍋蓋，小火燜至蛋黃半熟，即可起鍋享用。

TIPS

◆ Shakshuka，發音 Shahk-Shoo-Kah，是北非代表性早餐。以現成義大利麵醬做成簡易版本，省略準備香草的困擾。

◆ 此道料理酸酸辣辣極開胃，可以用印度饢餅、麵包沾食或拌麵、拌飯。

◆ 喜歡的話，還可以加入德國香腸，更加豐富。

◆ 上桌前，可以撒上一些香菜或歐芹，或是點綴青醬作為裝飾。

梅花千層白菜鍋

🍲 烹調 **26cm 淺鍋** ｜ 🍽 擺盤 **26cm 淺鍋**
🕐 時間 **40 分鐘**

食譜提供

邱湞喬

材料 6 人份

梅花肉片	900g
黃金白菜	1 顆
鴻喜菇	1 包
昆布、柴魚片、乾香菇	各5g（裝入茶袋）
水	800cc

調味料

鹽	1 小匙
糖	1 小匙

作法

1 將大白菜一片片洗淨，大葉與小葉分開放。鴻喜菇切除根部。

2 梅花肉鋪於平盤上，均勻撒上薄鹽（材料分量外）。

3 將梅花肉平整鋪於大白菜葉上，一片葉二片肉交錯，疊兩層後再放一片葉。

4 菜肉鋪疊完成後，依鍋身高度平均切成段（此處是切 6cm 左右）。

5 將切成段的白菜肉片擺入鍋中，從外圈依序疊至內圈，中間再塞入鴻喜菇。

6 放入自製高湯包、水（約鍋身七分滿）、鹽、糖。

7 中火煮滾後撈除浮沫，轉中小火，上蓋燉煮 30 分鐘即完成。

TIPS

◆ 儘可能將食材塞滿塞緊整個鍋子，足量的大白菜燉煮出的湯汁才會多又甜。

◆ 調味料請依個人口味斟酌。

食譜提供

Elise Chang

越式椰汁滷肉

🍲 烹調 **24cm 和食鍋** | 🍽 擺盤 **20cm 圓舞曲**
🕐 時間 **60 分鐘**

材料 4 人份

		【 醃料 】	
五花肉	600g	越式椰子糖	2 大匙
水煮蛋	10 顆	鹽	2 小匙
椰子水	640cc	蒜頭	3 大瓣
檸檬	1/2 顆	大辣椒	2 根
		紅蔥頭	3 瓣
		魚露	4 大匙

作法

1 五花肉切塊。水煮蛋剝殼備用。蒜頭、辣椒、紅蔥頭切末。

2 用檸檬磨豬皮，同時擠出一點汁。

3 將五花肉和醃料混勻後，冷藏靜置 1 小時。

4 五花肉連同醃料入鍋，倒入椰子水，中大火煮滾 5 分鐘，再加水至淹過肉、撈掉浮沫。

5 放入水煮蛋，轉小火滷 50 分鐘即可。

TIPS 檸檬磨在豬皮上擠一點汁可以讓豬皮更 Q 彈。

上海咖哩牛肉粉絲湯

🍲 烹調 **23cm 橢圓鍋** | 🍽 擺盤 **23cm 橢圓鍋**
🕐 時間 **90 分鐘**

材料 5-6 人份

牛腩	500g
冬粉	100g
油豆腐	70g
薑片	4 片
香菜	1-2 根
水	1000cc

調味料

料理酒	1 小匙
咖哩粉	2 大匙
鹽、糖	適量

作法

1 牛肉切小塊,冬粉以溫水泡軟,油豆腐對半切開,香菜葉切碎備用。

2 鍋中加冷水,放入牛肉塊,煮沸後撈除血沫,並倒入酒、薑片,續煮 80 分鐘至肉軟。

3 加入咖哩粉、鹽、糖。

4 將油豆腐、冬粉放入鍋中續煮約 5 分鐘,上桌前撒入香菜碎葉點綴即可。

食譜提供

張秀珍

阿嬤的
古早味滷排骨

🍲 烹調 **24cm 和食鍋** ┃ ◯ 擺盤 **24cm 和食鍋** ┃ 🕐 時間 **50 分鐘**

材料 4 人份

帶骨里肌肉	4 片
蔥	3-4 大根
薑	4-5 片
食用油	250cc

調味料

醬油	140cc
水	1000cc
糖	4 大匙
八角	3-4 顆
鹽	適量

【 醃料 】

蒜末	2 大瓣
米酒、水	各 2 大匙
胡椒	1 小匙
鹽	1/4 小匙
糖	1 大匙
醬油	1 大匙
全蛋	1 顆
麵粉	4 大匙

作法

1 里肌肉片先用刀切斷肉上的筋,再敲打至鬆軟。蔥打成結。

2 肉加入全部醃料,醃漬 30 分鐘後備用。

3 起油鍋,熱至 160°C 後,放入里肌肉片,炸至兩面金黃。

4 熱鍋後加入 1 小匙油,放入薑片煸香,再將蔥結墊在鍋底,倒入調味料。

5 煮滾後,放入炸好的里肌肉片,小火燜煮 30 分鐘至肉片軟嫩即完成。

TIPS

◆帶骨里肌肉片為傳統作法,也可依個人喜好選用無骨里肌肉片。

◆肉片建議 1.5cm 的厚度,敲打後仍可保留口感。

◆因各醬油鹹度不同,請自行斟酌鹽量。

◆麵粉也可用太白粉代替,但若使用地瓜粉,需靜置反潮再油炸。

食譜提供

大鍋姐

東坡肉

🍲 烹調 **22cm 圓鍋** | ◯ 擺盤 **24cm 湯盤**
🕐 時間 **120 分鐘**

材料 4-5 人份

五花肉 ...... 4 塊（8×8cm）
蔥 .... 6-8 根
薑 .... 5-6 片
桂皮 .... 1 塊
月桂葉 .... 2 片
八角 .... 2 顆
冰糖 30-35g
食用油 .... 少許
熱水 .... 蓋過食材的量

調味料

醬油 50-60g
蠔油 20g
米酒 50g

作法

1 五花肉塊綁上棉線。

2 鍋預熱後抹一層薄油潤鍋，放入五花肉，一面煎
   恰恰再翻面以免黏鍋，煎至各面金黃。

3 放入材料中的所有香料、冰糖，小火翻炒至冰糖
   融化上色、香料出味。

4 加入醬油、蠔油、米酒，翻拌均勻，最後倒入熱
   水至淹過食材，上蓋後以大火燒開，再轉小火燒
   即可，燉煮時間共計約 2 小時。

TIPS 醬油的鹹度不一，請自行調整。

台式燉牛肉

🍲 烹調 **27cm 橢圓鍋** | ⬭ 擺盤 **20cm 圓鍋**
🕐 時間 **120 分鐘**

食譜提供

Lydia Lee

材料　4 人份

牛腱 300g
牛腩 300g
薑 .... 1 小段
洋蔥 .... 1 顆
牛番茄 .... 2 顆
水 1000cc
月桂葉 .... 3-4 片
胡椒粒 .... 1 大匙
麻油 .... 適量

調味料

米酒 .... 5 大匙
糖 .... 1 大匙
醬油 .... 3 大匙
蠔油 .... 1 大匙

作法

1 薑切片，洋蔥切片，番茄去皮切大塊。

2 牛肉切塊後，放入滾水中汆燙備用。

3 熱鍋加麻油，放入薑片煸乾，再放入汆燙
　後的牛肉煎到每塊焦香。

4 放入洋蔥、番茄、月桂葉、胡椒粒，以及
　所有調味料。

5 加水至淹過牛肉後，米粒火（IH 爐的話
　最小火）熬煮 1.5 小時即完成。

TIPS

如果想要有濃郁的湯汁，
可以增加為番茄 5 顆、洋
蔥 2 顆。

麻辣鴨血
臭豆腐

🍲 烹調 **24cm** 圓鍋
🍽 擺盤 **24cm** 圓鍋
🕐 時間 **180** 分鐘

食譜提供

大鍋姐

材料 4 人份

鴨血 .... 2 塊	花椒 30g
臭豆腐 .... 1/2 包	茴香籽 10g
薑 .... 4-5 片	八角 .... 2 顆
蔥 .... 3 根	剁椒 15g
香菜 .... 1 根	辣豆瓣醬 50g
乾辣椒及鮮辣椒 ...... 各 5-6 根	食用油 30g

調味料

醬油 30g
蠔油 15g
高湯 .... 蓋過食材的量

作法

1 鴨血、臭豆腐先用熱水快速汆燙備用。蔥切段，香菜取葉。

2 熱鍋加油，放入薑片、蔥段和所有辛香料、辣豆瓣醬，小火炒出香味和紅油。

3 加入醬油、蠔油調味，再倒入高湯煮開。

4 加入鴨血和臭豆腐，大火燒開，轉小火，保持微滾的狀態煮 20 分鐘後關火燜。

5 等到鍋子微溫時再開火，一樣微滾 20 分鐘後燜，反覆 1-2 次至入味。最後擺上香菜點綴即完成。

TIPS

◆放入鴨血後請勿蓋蓋子，關火燜時再蓋。

◆辣豆瓣醬鹹度不同，醬油量自行調整。

越式咖哩雞

🍲 烹調 **22cm** 圓鍋 | ⬭ 擺盤 **24cm** 橢圓烤盤
🕐 時間 **40** 分鐘

材料　4 人份

雞肉	600g
香茅	3 根
地瓜	中型 1 顆
芋頭	中型 1 顆
椰子水	320cc
食用油	2 大匙

調味料

魚露	1 大匙
椰漿	300cc

【醃料】

越南咖哩粉	1 大匙
鹽	2 小匙
煉乳	1 大匙
胭脂樹籽紅油	1 大匙
蒜末	3 瓣

作法

1 雞肉切大塊，放入醃料中拌勻，醃 1 小時。

2 芋頭、地瓜去皮後滾刀切塊。香茅 2 根切段拍扁、1 根切末。

3 取另一鍋放少許油（材料分量外），將芋頭、地瓜煎定型備用。

4 圓鍋裡加 2 大匙油，加入香茅末爆香，再下雞肉炒到皮變金黃。

5 倒入椰子水、2 根切段香茅，補水至淹過肉，再加入芋頭、地瓜、魚露、椰漿，煮滾後轉小火，燉煮約 40 分鐘至肉軟即可。

TIPS

◆ 芋頭、地瓜用半煎炸的方式先煎定型，燉煮時才不會散掉。

◆ 越式咖哩粉、胭脂樹籽紅油等調味料可以在越南商店購得。

◆ 這道咖哩很適合搭配越式法國麵包一起享用。

5

實作篇

高溫蓄熱！提引出清甜原味的

蔬菜料理

Delicious Everyday

鑄鐵鍋的蓄熱快、溫度高，能夠讓蔬菜在短時間內熟成，
減少了帶有鮮甜的水分揮發，也保留住口感，
每一口都能品嘗到食材本身最原始的豐富滋味。

黃金筊白筍

🍲 烹調 **26cm 煎鍋** | ◯ 擺盤 **28cm 圓盤** | 🕐 時間 **30 分鐘**

材料　4 人份

筊白筍 .... 4 支
蛋黃 .... 2 顆

調味料

食用油 .... 1 小匙
鹽 .... 1 小匙
乾燥蔥末 .... 適量
胡椒鹽 .... 適量

作法

1　預熱烤箱 180°C。

2　筊白筍修去外皮的粗纖維後
　　對切，用尖刀在表面劃出格
　　紋狀。

3　將蛋黃打散，加入食用油、
　　鹽拌勻成蛋黃液。

4　在筊白筍切面上，均勻刷上
　　蛋黃液。

5　放入預熱好的烤箱中，以
　　180°C 烤 10-15 分鐘至表面
　　金黃上色。

6　出爐後，撒上乾燥蔥末及胡
　　椒鹽享用。

TIPS

◆烤溫和時間請依各家
　烤箱自行調整。

◆調味料可依個人口
　味，改用海苔粉、芥
　末粉、蒜碎等變化。

◆油可以換成奶油，多
　一點奶油香氣。

◆盛盤時在盤底墊一些
　青椒圈、紅黃甜椒
　圈、紫洋蔥圈，更能
　襯托筊白筍的顏色。

鹹蛋五彩蔬

🍲 烹調 **31cm 魚碟鍋** | ◯ 擺盤 **31cm 魚碟鍋** | 🕐 時間 **30 分鐘**

材料 4 人份

鹹蛋	1 顆
豌豆	15 片
紅椒	1 顆
黃椒	1 顆
紫洋蔥	1/4 顆
蘑菇	10 顆
蒜頭	3 瓣
食用油	2 大匙

調味料

米酒	2 大匙
糖	1 小匙
鹽	1 小匙

作法

1 鹹蛋對切，用湯匙挖出蛋黃、蛋白，蛋黃切碎，蛋白切丁。

2 蒜頭切末。紅黃椒去蒂頭、切片。蘑菇切半。紫洋蔥切塊。豌豆去粗絲。

3 熱鍋下油，轉中小火下鹹蛋黃碎，不斷翻炒至蛋黃發泡並飄出香氣。

4 加入蒜末炒香，開大火，放入其他所有食材，淋入米酒快炒拌勻，加入糖、鹽調味後盛盤。

TIPS

◆鹹蛋本身鹹度很高，請依個人喜好增減調味料用量。

◆可隨興變換其他種蔬菜，一樣精彩美味。

金沙絲瓜

🍲 烹調 **24cm 和食鍋** | 🍽 擺盤 **24cm 圓盤**
🕐 時間 **8 分鐘**

材料 4 人份

絲瓜	560g
鹹蛋	3 顆
薑末	1 大匙
蒜末	1 大匙
大辣椒	1 根
蔥	1 根

調味料

食用油	4 大匙
香油	1 大匙
鹽	2 大匙
白胡椒粉	1/4 小匙
米酒	1 大匙

作法

1 絲瓜去皮，橫向對半剖開之後，再切成粗長條狀。

2 鹹蛋壓碎、蔥切花、辣椒切斜片備用。

3 絲瓜用鹽抓拌，靜置 10 分鐘後倒掉鹽水。

4 熱鍋加香油、食用油，再放入薑末、鹹蛋碎炒至起泡。

5 接著放入絲瓜、辣椒片、蒜末、米酒拌炒均勻，起鍋前撒蔥花、白胡椒粉，完成。

TIPS

這道算乾炒絲瓜，炒完沒什麼水分很脆口，
口感異於一般炒絲瓜的濕軟。

食譜提供

湯湯

涼拌牛肉茄

🍲 烹調 **28cm 淺燉鍋** ｜ 🍽 擺盤 **28cm 圓盤**
🕐 時間 **8 分鐘**

材料 4 人份

茄子 .... 2 條
無骨牛小排火鍋肉片
.... 1 盒（約 200g）
蔥 .... 2 根
食用油 .... 2 大匙

調味料

蒜頭 .... 3 瓣
辣椒 .... 1 根
白芝麻 .... 1 小匙
醬油 .... 1 大匙
黑醋 .... 1 大匙
糖 .... 1 大匙
香油 .... 1 大匙

作法

1 蒜頭切末。辣椒切末。蔥切蔥花。茄子切斜刀片
　（厚度約 0.5cm）。

2 熱鍋加食用油，放入茄子煎熟，起鍋擺盤。

3 牛肉片也煎熟，直接擺在茄子上。

4 將所有調味料拌勻，做成醬汁。

5 在牛肉片上擺放蔥花，平均淋上醬汁即可。

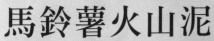

馬鈴薯火山泥

🍲 烹調 20cm 和食鍋 ｜ 🍽 擺盤 22cm 湯盤
🕐 時間 40 分鐘

材料 6 人份

馬鈴薯	600g
馬札瑞拉起司	100g
豬絞肉	100g
洋蔥碎	20g
牛番茄	1 顆
黃彩椒	1/4 顆（約 20g）
紅彩椒	1/4 顆（約 20g）
綠彩椒	1/4 顆（約 20g）
食用油	1 大匙
水	1 杯

調味料

番茄義大利麵醬	2 杯
鮮奶油	1/2 杯
白胡椒粉	1 小匙
奶油	30g
鹽	1 小匙
義式綜合香料	1 小匙

作法

1 牛番茄切小丁，彩椒切小丁，馬鈴薯去皮切小塊備用。

2 將馬鈴薯塊放入鑄鐵鍋中，加入 1 杯冷水，開火煮滾後，轉小火計時 20 分鐘，關火後再燜 15 分鐘。

3 加入奶油、鹽、白胡椒粉，再用飯匙將馬鈴薯壓成泥。

4 將馬鈴薯塑型成火山狀，中間挖空。

5 熱鍋加 1 大匙油，炒香洋蔥、絞肉後，下義式綜合香料拌炒均勻。

6 加入番茄義大利麵醬及鮮奶油燉煮 15 分鐘。

7 起鍋前加入彩椒丁、番茄丁拌勻，淋到火山上，再倒入加熱融化的起司即可上菜。

TIPS

◆鮮奶油可換椰漿。

◆番茄義大利麵醬各品牌風味不同，調味時請依喜好調整。

◆不喜歡彩椒可以用其他顏色鮮豔的蔬果。

◆淋在馬鈴薯泥上的肉醬可以自行變化，打拋醬、咖哩醬、牛肉醬……等各種吃法！

食譜提供

Sally Huang

椒鹽玉米

🍲 烹調 **20cm 圓形烤盤** | 🍽 擺盤 **20cm 圓形烤盤**
🕐 時間 **25 分鐘**

材料 2 人份

甜玉米	2 根
蒜頭	8 瓣
蔥白	2 根
蔥綠	1 根
辣椒	1/2 根
食用油	1 大匙

調味料

鹽	1/2 小匙
黑胡椒粉	1 小匙
白胡椒粉	1 小匙

作法

1 蔥白、蔥綠及蒜頭切末，辣椒切圈。

2 玉米以滾水煮 10 分鐘至熟透，撈出放涼。

3 將玉米先橫切對半後，再縱切成 1/4 條狀。

4 烤盤小火加熱後放油，將玉米粒面朝下，半煎炸至玉米微微彎曲、表面上色後起鍋。

5 原鍋保持小火，放入蒜末、蔥白末爆香（若油不夠可斟酌再補）。

6 將玉米倒回鍋中，加鹽及黑、白胡椒粉調味。

7 最後加入蔥綠末及辣椒圈翻拌即完成。

TIPS

◆玉米品種不限，可挑選自己喜愛的。

◆因烤盤不大，全程火力維持中小火，明火不要超過烤盤底部範圍，以免食材燒焦。

◆不吃辣，辣椒可省略，改以紅甜椒切小丁替代。

韭菜花烘蛋

🍲 烹調 **18cm 和食鍋** ｜ 🍽 擺盤 **24cm 圓盤**

🕐 時間 **25 分鐘**

材料 4 人份

雞蛋	4 顆
韭菜花	100g
食用油	3 大匙

調味料

蠔油	1 小匙
醬油	1 小匙
鹽	1/4 小匙
白胡椒粉	少許

作法

1 韭菜花去掉尾端老梗，切成約 0.5cm 長，放入容器中。

2 將蛋打入放韭菜花的容器中，加入調味料攪拌均勻。

3 鍋中放 3 大匙油熱鍋，待鍋熱後轉動鍋子讓油脂潤鍋，再倒入拌勻的韭菜花蛋液。

4 用鍋鏟將四周蛋液往中間推，煎至中間開始凝固、外圍色澤金黃後，上蓋轉小火烘 10 分鐘，熄火後燜 10 分鐘即可倒扣入盤中。

TIPS 建議用常溫蛋較不易沾鍋。

碧玉黃瓜鑲肉

🍲 烹調 **26cm 淺燉鍋** ┃ 🍽 擺盤 **26cm 淺燉鍋** ┃ 🕐 時間 **45 分鐘**

材料　4 人份

大黃瓜	1 條（800g）
市售花枝蝦仁漿	90g
豬細絞肉	250g
蔥	10g
紅蘿蔔	10g
香菜	適量
食用油	少許
水	80cc

調味料

香油	1 小匙
鹽	1/4 小匙
白胡椒粉	適量

作法

1 大黃瓜削皮、去頭尾，輪切成八等份，去掉瓜瓤。蔥、紅蘿蔔切細末。

2 混合絞肉、花枝蝦仁漿、蔥末和紅蘿蔔末，加入鹽、白胡椒拌勻成肉餡備用。

3 將肉餡約略分成八等份，揉成橢圓狀填入大黃瓜中，露出的肉餡整形成半圓球。

4 鍋底刷薄薄一層食用油，將鑲入肉餡的黃瓜排放進鍋內。

5 鍋內加水，上蓋以中小火煮 15 分鐘，關火再燜 15 分鐘。

6 開蓋後淋香油，加上香菜點綴，即可上桌。

TIPS

花枝蝦仁漿可用蝦滑或魚漿代替。

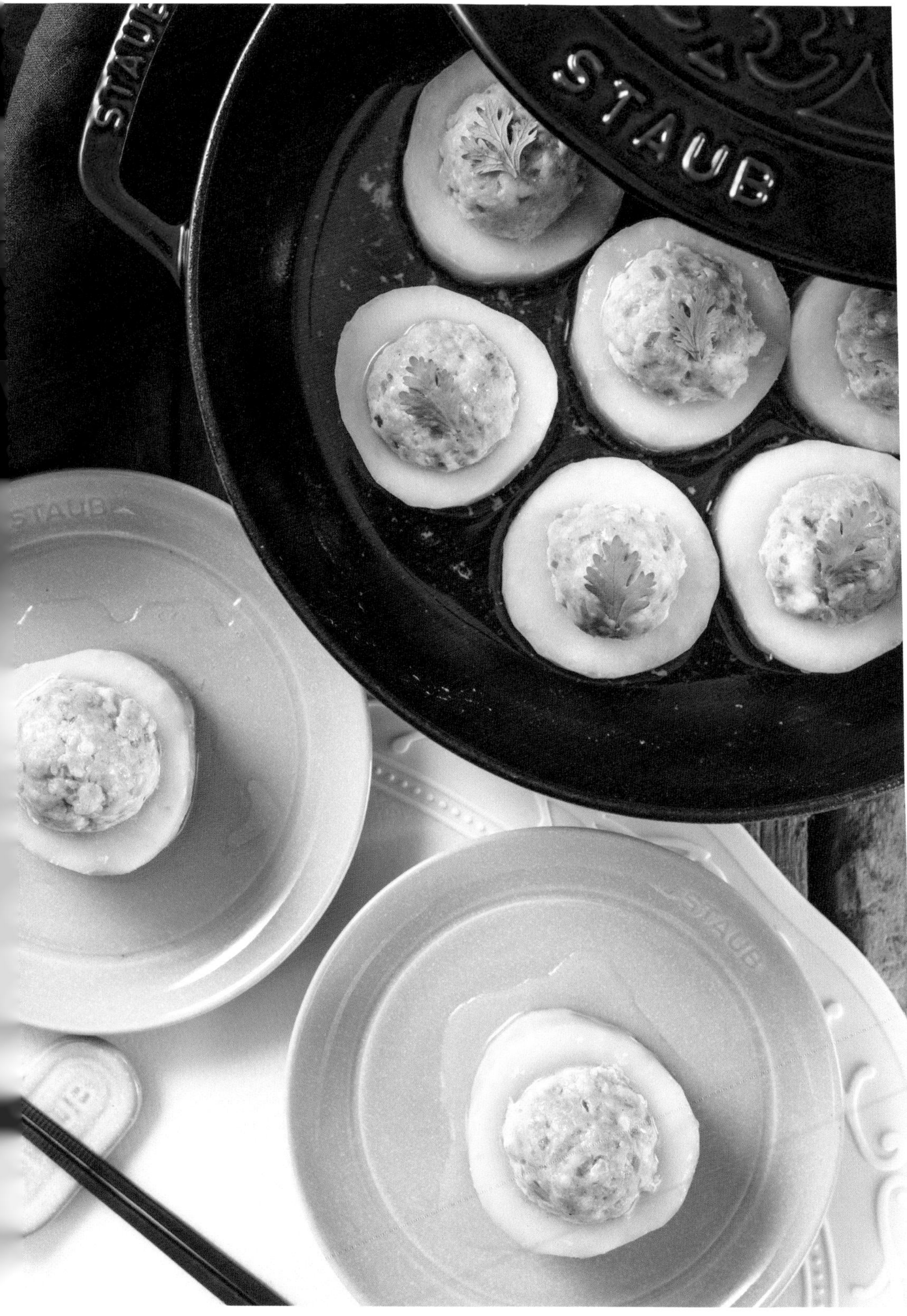
STAUB
STAUB

食譜提供

Ozzy

馬鈴薯燉菜

🍲 烹調 **26cm 圓鍋** ｜ 🍽 擺盤 **26cm 橢圓湯盤**
🕐 時間 **40 分鐘**

材料 3-4 人份

馬鈴薯 .... 3 顆（約 300-400g）
紅蘿蔔 .... 1 根（約 200g）
杏鮑菇 200g
日本蒟蒻 .... 1 包（300g）
植物油 .... 3-4 大匙
水 .... 200-300cc（適量增加）

調味料

紅糖 .... 1 小匙
味醂 .... 2 大匙
濁水琥珀 .... 2 大匙
味噌 .... 1 大匙
米粒醬油 .... 2 大匙

作法

1 杏鮑菇切半（可在表面刻菱紋花）。馬鈴薯、紅蘿蔔切
   滾刀塊。蒟蒻切成適口大小。

2 熱鍋加油，分別放入馬鈴薯、紅蘿蔔、杏鮑菇煎至表面
   呈金黃色後備用。

3 取另一鑄鐵鍋，把剛煮好的馬鈴薯、紅蘿蔔、杏鮑菇放
   於鍋中，加入糖、味醂、琥珀醬油快炒，再加入蒟蒻。

4 加入水與味噌，加熱至小滾後，再加入米粒醬油調味。

5 蓋上鍋蓋，煮 25 分鐘後即可。

五色蔬
肉絲炒馬鈴薯

🍲 烹調 **16cm 和食鍋** ｜ ⭕ 擺盤 **16cm 和食鍋** ｜ 🕐 時間 **8-10 分鐘**

材料 1-4 人份

馬鈴薯	100g
紅椒、黃椒、青椒	各 40g
木耳	40g
紅蘿蔔	40g
豬肉絲	100g
食用油	約 1 小匙

調味料

醬油	1/2 小匙
白醋	1/4 小匙
鹽	1/4 小匙

【 醃料 】

醬油	1/2 小匙
白醋	1/4 小匙
白胡椒粉	少許
鹽	1/4 小匙

作法

1 肉絲以醃料抓醃，靜置 10-15 分鐘。

2 馬鈴薯切絲泡水、洗掉多餘澱粉 2-3 次後，浸入加白醋的飲用水中約 5 分鐘，再瀝乾備用。

3 其餘蔬菜切成大小約略一致的絲狀。

4 熱鍋至鍋氣燙手的程度，轉小火加油，放入肉絲炒至稍微變白。

5 加入馬鈴薯絲拌炒約 1 分鐘。

6 加入紅蘿蔔絲拌炒約 1 分鐘。

7 加入木耳絲與青椒絲炒勻，再依序加入醬油、白醋、鹽拌炒均勻。

8 關火，加入彩椒拌勻，上蓋燜 5 分鐘即可享用。

TIPS

◆為推廣「一鍋到底一人食」之鑄鐵鍋料理，並結合「211」飲食概念（蔬菜：蛋白質：澱粉＝2：1：1），此一小鍋內即能提供足夠營養。蔬菜類可依手邊食材或個人喜好調整，多人食用時自可加倍分量來料理。

◆彩椒不需烹煮或燜太久，以免口感過爛。

◆所謂「鍋氣燙手的程度」為，手離鍋底近時感覺稍燙，摸鍋子的把手稍熱但可握住的程度，或是在鍋內灑入水珠有滾動狀。

肉糜釀茄子

🍲 烹調 **28cm 塔吉鍋** | 🍽 擺盤 **28cm 塔吉鍋**
🕐 時間 **15 分鐘**

材料 2 人份

日本圓茄	250-300g
高麗菜	300g
紅蘿蔔	100g
小番茄	5 顆
絞肉（豬、牛肉皆可）	130g
水	50cc

調味料

生抽	20g
橄欖油	10g
蠔油	1 大匙
白胡椒粉	1 小匙
蒜粉	1 小匙

【 醃料 】

鹽	1/2 小匙
胡椒粉	1/2 小匙

作法

1 高麗菜和紅蘿蔔分別切絲備用。

2 將茄子縱切對半，取一半放在兩根筷子之間，切三刀（不切斷）後再切段。Ⓐ

3 絞肉用醃料抓醃後，填入茄子夾縫裡。

4 將茄子鑲肉、高麗菜絲、紅蘿蔔絲、小番茄放入塔吉鍋中。Ⓑ

5 調味料拌勻後，均勻倒入茄子和蔬菜中。

6 蓋上鍋蓋，在頂端凹陷處倒入清水。大火燒開後，轉小火約 10 分鐘即可。

TIPS 上桌前可再放少許蔥絲裝飾。

食譜提供

邱湞喬

筊白筍
肉絲櫛瓜麵

🍲 烹調 **28cm 淺鍋** | 🍽 擺盤 **22cm 湯盤** | 🕐 時間 **25 分鐘**

材料 2 人份

筊白筍	250g
櫛瓜	250g
小里肌肉絲	100g
鮮香菇	30g
蒜片	10g
橄欖油	3 大匙
白葡萄酒	1 大匙
新鮮巴西利末	10g
帕瑪森起司粉	適量

調味料

鹽	1 小匙
昆布粉	1 小匙
黑胡椒粒	1/2 小匙
義式綜合香料	1 小匙

【 醃料 】

橄欖油	1 小匙
黑胡椒粒	少許
鹽	1 小匙
白葡萄酒	1/4 小匙

作法

1 筊白筍與櫛瓜刨成約 0.5cm 的麵條狀。肉絲以醃料抓醃。香菇切絲。

2 熱鍋冷油放入蒜片，聞到蒜香後將蒜片撈出備用。

3 原鍋放入里肌肉絲，炒至五分熟後取出備用。

4 原鍋再下香菇絲炒香後，放入筊白筍絲、櫛瓜絲拌炒，再加里肌肉絲拌炒。

5 加入調味料快速炒勻，再沿鍋邊嗆入白酒即可關火起鍋。

6 盛盤後撒上新鮮巴西利末、帕瑪森起司粉即可。

食譜提供

Alice Chen

鹹蛋炒黃金栗子南瓜

🍲烹調 **20cm 圓鍋** ｜ 🍽擺盤 **小把手煎鍋** ｜ 🕐時間 **40 分鐘**

材料 2 人份

黃金栗子南瓜（已去籽）	400g
鹹蛋	2 顆
青蔥（蔥綠）	1 根
橄欖油	2-3 大匙
水	100cc

作法

1 南瓜去蒂不削皮、去籽、切大丁。鹹蛋的蛋白與蛋黃分別切碎。青蔥切末。

2 電鍋內放 0.7 杯水，放入南瓜蒸七分熟（筷子可穿過即可），蒸好隨即移出鍋外，避免餘溫燜過熟。

3 熱鍋後加 2 大匙油，先將蛋黃碎炒到起泡，加入蛋白碎拌勻，再放入南瓜略微拌勻。

4 視南瓜量分次加入約 100cc 水，略拌勻，上蓋以中小火煮約 5 分鐘至收汁後關火。

5 開蓋後加入蔥末，小心拌勻即可。

TIPS

◆鹹蛋若是鹹味偏淡，可加少許鹽調味。

◆此道料理使用的黃金栗子南瓜，又美又好吃！若沒有也可以換成其他南瓜。

◆盛盤時，可撒點蝦夷蔥、彩色芝麻或鮭魚卵裝飾。

食譜提供

李婉菁

金銀蛋菇菇絲瓜

🍲 烹調 **18cm 和食鍋** | 🍽 擺盤 **迷你煲鑄鐵鍋**
🕐 時間 **10 分鐘**

材料 2-3 人份

絲瓜 .... 1 條（約 500g）
蒜頭 .... 2 瓣
鴻喜菇或雪白菇 .... 1 包
皮蛋 .... 1 顆
鹹蛋 .... 1 顆
水 .... 1 大匙
食用油 .... 1 大匙

調味料

鹽 .... 1/4 小匙

作法

1 絲瓜切去頭尾、削皮後，切約 3cm 的條狀。蒜頭切末。鴻喜菇切除根部、剝小朵。

2 將鹹蛋白及蛋黃分開，切碎。皮蛋切碎。

3 熱鍋後加油，放入鹹蛋黃及蒜末炒至起泡。

4 接著放入絲瓜炒勻，再加入鴻喜菇、水。

5 絲瓜約五分熟時，加鹽調味，續煮至絲瓜熟（但不過軟）。

6 起鍋前加入鹹蛋白碎及皮蛋碎，拌勻即可。

TIPS 皮蛋先泡熱水 2 分鐘再剝殼，蛋黃會比較固態好切。

CHAPTER 6

實作篇

均勻受熱！散發美味鍋氣的

飽足感主食

Delicious Everyday

剛下課的孩子、剛下班的家人、剛到家的自己，
一張張嗷嗷待哺的嘴，就靠一鍋豐盛的主食來快速滿足！
飯、麵、粥、米粉⋯⋯作法簡單，而且營養好吃！

菇菇雞炊飯

🍲 烹調 20cm 圓鍋 ┃ 🍽 擺盤 16cm 飯鍋 ┃ 🕐 時間 45 分鐘

材料　3-4 人份

米 .... 2 米杯
水 .... 適量
去骨大雞腿 ...... 1 片（約 275g）
紅蘿蔔 25g
鴻喜菇 .... 1 包
鮮香菇 50g
薑片 .... 2 片
食用油 .... 少許

調味料

薄鹽醬油 .... 1 大匙
鹽 .... 1 小匙

【 醃料 】

薄鹽醬油 .... 2 大匙
酒 .... 1 大匙
白胡椒粉 .... 適量

作法

1　雞肉切成適口大小，用醃料抓醃後靜置 1 小時或隔夜。

2　米洗淨瀝乾。鴻喜菇根部切除、剝開。鮮香菇切片。紅蘿蔔切絲。

3　熱鍋後鍋底抹少許油，放入薑片。雞肉去除醃料後，雞皮面朝下入鍋煎至表面金黃，翻面煎到顏色變白。

4　放入紅蘿蔔絲、菇類，一起拌炒至水分釋出，菇類變小的狀態，關火。

5　取一濾網與大碗，倒出鍋內所有食材，將食材與水分分開。

6　在過濾出的湯汁中加入醬油、水，讓總水量達到 2.2 米杯。

7　原鍋倒入白米、步驟 6 的水、加入鹽，開火煮到冒小泡泡，倒回濾網內所有食材，均勻鋪好後，上蓋，轉米粒火煮 8 分鐘，關火燜 15 分鐘。

8　開蓋鬆飯後，可再依喜好汆燙秋葵等青菜裝飾並享用。

TIPS

◆精準掌握米、水比例是炊飯成功的要素！步驟 5 中過濾食材釋出水分的步驟非常重要，確實量好水分比例，才能煮出粒粒分明的炊飯。

◆開蓋時請平移鍋蓋，避免多餘水分入鍋，影響米飯口感。

食譜提供

陳儷方

日式鮮筍鮭魚炊飯

🍲 烹調 **26cm 淺燉鍋**、**20cm 煎鍋**
🍽 擺盤 **22cm 朝鮮薊鍋** | ⏱ 時間 **30 分鐘**

材料　4 人份

米 .... 2 米杯（約 360g）
水 .... 2 米杯
綠竹筍 400g
鮭魚 .... 1 片
乾香菇 20g
毛豆 80g
蒜末 .... 適量
食用油 .... 1 大匙＋1 小匙

調味料

醬油 .... 3 大匙
清酒 .... 1 大匙
（可用米酒替代）
味醂 .... 1 大匙
鹽 .... 適量

作法

1 米洗淨備用，不用浸泡。

2 取一小鍋，加入水、少許鹽煮滾，放入毛豆
　燙熟取出，放入冰水降溫後撈出備用。

3 乾香菇泡開後擠乾。綠竹筍切丁。

4 冷鍋下油 1 大匙，油熱後將香菇、蒜末炒
　香，再加入筍丁拌炒，加入清酒、醬油、味
　醂，翻炒均勻，盛出備用。

5 原鍋放入米和水，放入炒好的筍丁、香菇，
　上蓋以小火煮至鍋緣冒出蒸氣，計時 4 分鐘
　後熄火，將鍋子離火燜 15 分鐘。

6 另起一熱鍋，加 1 小匙油將鮭魚煎至兩面金
　黃後，剝小塊並挑出魚刺，加適量鹽調味。

7 開蓋鬆飯，再蓋上燜一下，食用前拌入鮭
　魚、毛豆，即可享用。

TIPS

◆綠竹筍切成 **2-2.5 cm**
　的大小，口感更佳。

◆此處的乾香菇是小朵
　鈕扣菇，如果比較大
　朵可先切絲或小塊。

◆毛豆燙熟備用是為了
　保持色澤鮮綠，若不
　介意，也可以放進去
　一起煮。

◆食用前可拌入蔥花。

食譜提供

朱曉芮

古早味高麗菜飯

🍲 烹調 **16cm 和食鍋** ｜ 🍽 擺盤 **16cm 飯鍋** ｜ 🕐 時間 **40 分鐘**

材料 2-3 人份

高麗菜 .... 1/4 顆（約 250g）
米 .... 1.5 米杯
水 .... 1.5 米杯
豬五花肉 100g
紅蘿蔔 20g
香菇 .... 2 朵
蝦米 5g
油蔥酥 .... 2 大匙
食用油 .... 少許

調味料

米酒 .... 1 小匙
醬油 .... 2 大匙
糖、鹽、白胡椒粉 .... 少許

作法

1 米洗淨備用。高麗菜洗淨撕成小塊備用。

2 紅蘿蔔切細絲。香菇、豬五花肉切細條。

3 熱鍋不加油，香菇先煸香後盛出。

4 鍋內加少許油，五花肉下鍋煉出豬油。

5 加入蝦米、香菇爆香，再下紅蘿蔔絲、油蔥酥同炒。

6 下高麗菜（水分瀝乾）和所有調味料，拌炒至高麗菜軟化。

7 接著倒入米、水拌均勻，轉大火煮至沸騰。

8 上蓋小火煮 8 分鐘，離火燜 15 分鐘，開蓋鬆飯。

雙蛋菜脯
蝦仁炒飯

🍲 烹調 **24cm 和食鍋** | ◯ 擺盤 **20cm 烤盤**
🕐 時間 **25 分鐘**

材料　4 人份

白飯 ...... 2 杯米的量	蝦仁 200g
皮蛋 .... 3 顆	蔥 .... 2 根
雞蛋 .... 3 顆	蒜頭 .... 6 瓣
菜脯 200g	食用油 .... 3 大匙

調味料

醬油 .... 2 大匙
胡椒粉 .... 1 小匙
糖 .... 1/2 小匙
鹽 .... 1/2 小匙

作法

1 將皮蛋放入冷水鍋中，煮滾後再煮約 5 分鐘，撈出泡冷水，去殼切丁。

2 菜脯切碎。蔥切蔥花後，分成蔥白和蔥綠。蒜頭切末。

3 將 3 顆雞蛋打成蛋液。

4 冷鍋加 2 大匙油，油熱後放入蝦仁煸香，取出備用。

5 原鍋倒入蛋液，炒成散狀後取出備用。

6 原鍋加 1 大匙油，等鍋熱，放入菜脯略炒後，加入蒜末、蔥白炒香。

7 倒入白飯炒散後，加入蝦仁、炒蛋、皮蛋拌炒均勻，加醬油、胡椒粉、糖炒至香味撲鼻，拌炒均勻，再視口味加鹽調味。

8 起鍋前加入蔥綠快速翻炒，即可盛盤享用。

TIPS

◆ 切碎的菜脯稍微清洗掉鹽分後擠乾，避免過鹹。

◆ 菜脯、醬油已帶鹹，因此鹽最後再加，並依個人口味調整用量或省略。

◆ 胡椒粉選擇黑胡椒粉、白胡椒粉皆可，依個人喜好添加。

食譜提供

Charlotte
Song

韓式泡菜鍋巴飯

🍲 烹調 16cm 和食鍋 ｜ 🍽 擺盤 16cm 和食鍋
🕐 時間 15 分鐘

材料 1 人份

白飯 .... 1 碗
豬五花肉 100g
小黃瓜 .... 1/3 條
蒜頭 .... 3 瓣
韓式泡菜（含湯汁）.... 3 大匙

調味料

胡椒鹽 .... 1/4 小匙

作法

1 豬五花肉切片，小黃瓜切片，蒜頭切末備用。

2 在鍋中放入五花肉片，煸出油後，取出備用。

3 原鍋加入蒜末、胡椒鹽炒香，再倒入白飯、泡菜炒勻。

4 將泡菜飯均勻鋪底，小火加熱約 5-8 分鐘。

5 起鍋前再擺入小黃瓜片、五花肉片即可，趁熱拌勻享用。

TIPS

起鍋後可以再撒蔥花、辣椒圈裝飾，加一顆荷包蛋或水波蛋也很對味！

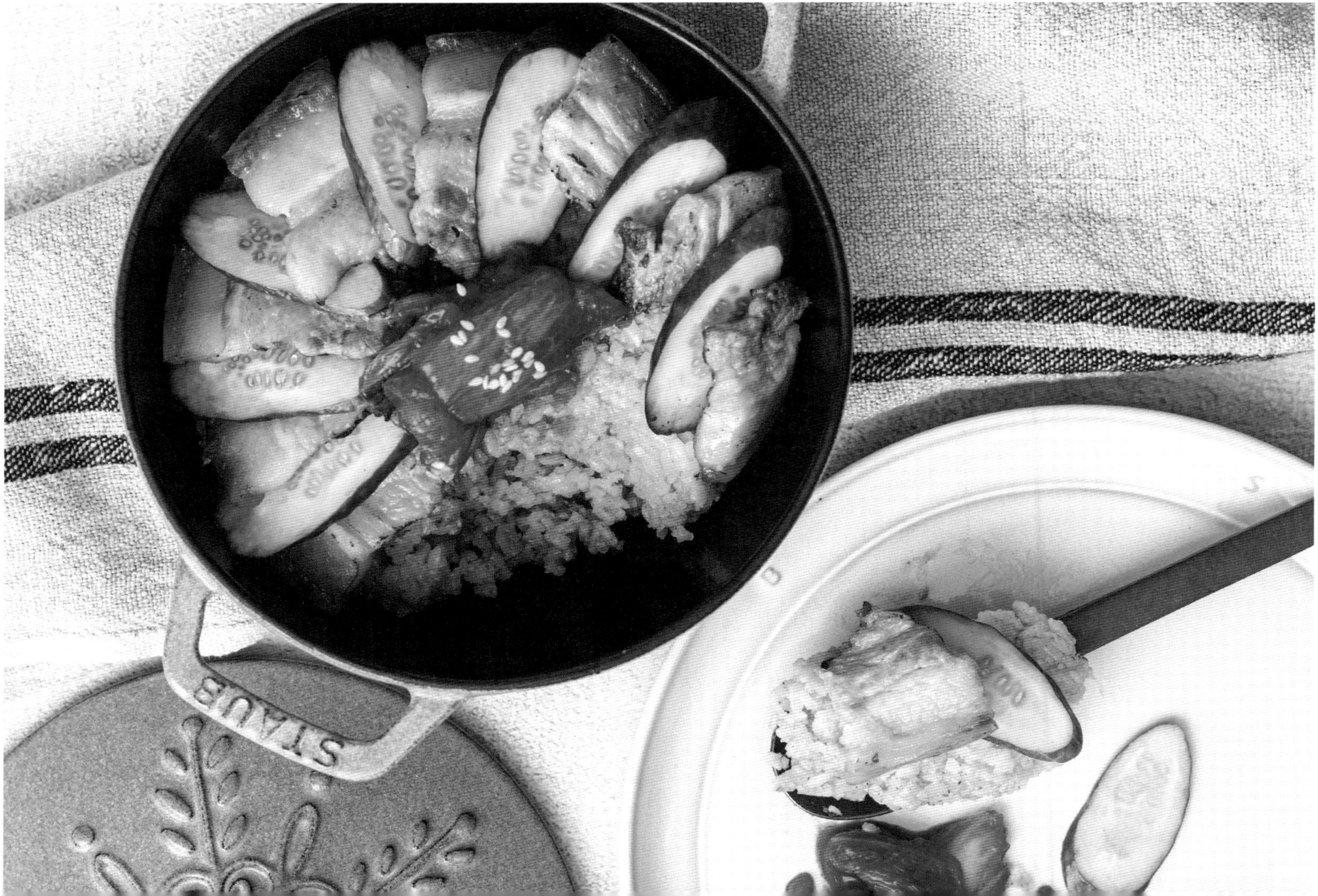
STAUB

西班牙海鮮燉飯

🍲 烹調 24cm 南瓜鍋 ┃ 🍽 擺盤 24cm 南瓜鍋
🕐 時間 40 分鐘

食譜提供

Emely Wu
吳惠婷

材料 3-4 人份

胚芽米 .... 2 米杯	牛番茄 .... 1 顆
水 .... 2¼ 米杯	彩椒 .... 1.5 顆
去骨雞腿 ...... 1 隻（450g）	洋蔥 .... 1/2 顆
白刺蝦 .... 8 隻	蒜頭 10g
小卷 .... 1 隻（150g）	新鮮百里香 5g
蛤蜊 200g	黃檸檬 .... 1 顆
番紅花 .... 1/2 小匙	食用油 .... 少許

調味料

白葡萄酒 60cc
黑胡椒、鹽 .... 各 1/2 小匙

作法

1 將雞腿與小卷切塊，蝦子去頭去殼（蝦頭保留下來）。番茄與彩椒切塊，洋蔥與蒜頭切碎。黃檸檬對半切，一半榨汁，一半切片備用。

2 鍋中加少許食用油，放入洋蔥末跟蒜末炒香，再將番茄以及彩椒炒香。

3 接著放入蝦頭炒香後，將雞腿肉、蛤蜊、蝦子、小卷放入鍋中拌炒，再倒入 60cc 白酒、檸檬汁，蓋上鍋蓋，小火煮約 2 分鐘。

4 將炒香的食材撈出，留下醬汁。原鍋中放入 2 杯胚芽米、番紅花以及 2¼ 杯水，並以鹽調味。

5 接著開中大火煮滾，轉小火蓋上鍋蓋煮 18 分鐘，再燜煮 20 分鐘。

6 掀蓋後，在飯上鋪入步驟 4 炒香的食材，再放上檸檬片及百里香，撒一點黑胡椒調味即可。

TIPS

◆ 胚芽米也可以用白米來代替，水和米的比例改為 1:1。

◆ 煮胚芽米時，蓋上鍋蓋小火 18 分鐘，不要一直打開喔。

◆ 蝦頭可以朝上擺盤，放上檸檬片以及百里香特別漂亮。

食譜提供

孫夢莒

黑松露鮮菇燉飯

🍲 烹調 **16cm 飯鍋** ｜ 🍽 擺盤 **21cm 橢圓烤盤** ｜ 🕐 時間 **20 分鐘**

材料 3-4 人份

米 .... 2 米杯（約300g）
高湯 500cc
洋蔥 .... 1/2 顆
雪白菇、鴻喜菇 .... 共 1 包
蝦子 .... 6 隻
蒜末 20g
橄欖油 .... 2 大匙

調味料

黑松露醬 .... 1 大匙
黑胡椒粒 .... 1 小匙
鮮奶油 30g
乳酪絲 50g
無鹽奶油 .... 共 70g
米酒 20cc

作法

1 米洗淨，泡水 20 分鐘後瀝乾。洋蔥切丁。菇類去根部後剝小朵。

2 在鍋中乾煸菇類到水分蒸發、表面金黃後，放入無鹽奶油 20g、黑胡椒粒，拌炒 1-2 分鐘，起鍋備用。

3 原鍋加熱，下 1 大匙油，放入蝦子，一面煎紅後翻面，加米酒、蒜末 10g，煎到另一面也轉紅。

4 加入無鹽奶油 20g，讓蝦子兩面沾附奶油，煎到表面酥酥（蒜末不要焦掉），起鍋備用。

5 原鍋倒 1 大匙油，中火加熱後，加蒜末 10g、洋蔥丁，炒到洋蔥透明。

6 再加入泡好的米拌炒，炒到鍋底感覺有點黏性。

7 倒入高湯，煮滾後加入炒好的菇，上蓋轉米粒火燜煮 10 分鐘。

8 開蓋確認米粒熟透後，加鮮奶油、黑松露醬、無鹽奶油 30g 拌勻。

9 關火，再加入乳酪絲拌勻，鋪上煎好的蝦子就完成了。

蒜蝦燉飯

🍳 烹調 **23cm 煎烤盤** ｜ 🍽 擺盤 **23cm 煎烤盤**
🕐 時間 **45 分鐘**

食譜提供
Sally
Huang

材料 2-3 人份

白米	1.5 米杯
高湯（或熱水）	1.5 米杯
蝦子	10 隻
蒜頭	10 瓣
洋蔥	1/2 顆（約 100g）
蔥	3 根
花椰菜（去梗）	2 小朵
紅椒	1/3 顆
橄欖油	2 大匙
黃檸檬片	少許

調味料

鹽	1 小匙
黑胡椒粉	少許
奶油	10g

【 醃料 】

鹽	1/2 小匙
白胡椒粉	少許
太白粉	少許

作法

1 蝦子去蝦頭、蝦殼、腸泥，蝦身以廚房紙巾輕壓拭乾，切成三等份後以醃料抓醃，靜置 10 分鐘備用。

2 白米洗淨瀝乾備用。蒜頭切末，洋蔥切碎，蔥切末，紅椒切小丁。

3 熱鍋加橄欖油，放入蝦頭以小火慢煎，並用鍋鏟輕壓蝦頭擠出蝦膏至香氣融出，約 2 分鐘後取出。

4 原鍋加入蝦子、蒜末，將蝦子炒熟後取出，鍋底留下蒜末。

5 接著加入蔥白、洋蔥碎、紅椒丁，維持小火繼續拌炒約 1 分鐘。

6 加入白米稍微拌炒，再放入鹽、黑胡椒粉及奶油。

7 奶油融化後加入高湯（或熱水），以中大火煮滾後上蓋，轉米粒火煮 12 分鐘，再關火燜 15 分鐘。

8 燜到最後 5 分鐘時迅速開蓋，放入花椰菜，再蓋回蓋子以餘溫燜熟。

9 開蓋後放回蝦子及蔥綠，稍微翻拌即可食用。最後放上檸檬片點綴。

TIPS

◆ 白米與水的比例為 1:1，以米粒火煮 12 分鐘，可得到微鍋巴，若喜歡更濕潤的口感，可將水的比例提升至 1:1.2。

◆ 花椰菜為點綴用，僅在最後 5 分鐘放入以餘溫燜熟保持翠綠，故需要去梗或提前汆燙，分量不需太多。

鮑魚粥

🍲 烹調 **20cm 圓鍋** ｜ 🍽 擺盤 **20cm 和食鍋**
🕐 時間 **25 分鐘**

材料 4 人份

白米	3/4 米杯	高麗菜	180g
水	8 米杯	熟食鮑魚	約 2-3 顆
燕麥片	30g	食用油	1 大匙
紅蘿蔔	50g	蔥花	適量

調味料

胡椒粉、鹽 .... 適量

作法

1 米洗淨後，浸泡清水 30 分鐘。紅蘿蔔、高麗菜切絲。

2 熱鍋加油，放入紅蘿蔔絲、高麗菜絲、白米，拌炒約 1 分鐘。

3 加入水，中小火煮到沸騰後，轉米粒火煮 8 分鐘。

4 加入燕麥片，並依個人口味加胡椒粉、鹽調味，略煮 1 分鐘。

5 攪拌後關火，不掀蓋燜 15 分鐘至燕麥片熟。

6 鮑魚切片擺放到粥上，撒入蔥花享用。

TIPS

◆白米也可以改用隔夜飯 1 大碗。

◆水可以酌量替換成泡鮑魚的湯汁。因各家湯汁味道鹹淡不同，可斟酌調整，維持總量 8 米杯即可。

◆鮑魚加熱會硬化，直接鋪粥上享用即可。

◆請先煮好確認味道後，再依喜好加入胡椒粉、鹽。

食譜提供

王怡文

皮蛋瘦肉粥

🍲 烹調 **24cm** 圓鍋 ｜ 🍽 擺盤 **20cm** 圓鍋 ｜ 🕐 時間 **60** 分鐘

材料 4-5 人份

白米	1.5 米杯	蒜頭	6 瓣
水	1600cc	油蔥酥	適量
豬肉絲	300g	薑絲	少許
皮蛋	3 顆	蔥花	少許
香菇	5 朵	食用油	2 大匙
油條	1-2 條		

調味料

橄欖油	1 小匙
鹽	3-4 小匙
白胡椒粉	少許
白芝麻油	少許

作法

1 鍋中放水，煮沸後加 1 小匙橄欖油，放入白米，以大火邊攪拌邊煮 5 分鐘。

2 轉小火、蓋上鍋蓋，煮 40 分鐘後，關火燜 10 分鐘，完成白粥備用。

3 蒜頭切末，香菇切片，皮蛋剝殼切塊，油條切小段備用。

4 熱鍋加 2 大匙油，小火爆香蒜末、香菇片。

5 接著加入豬肉絲，翻炒至金黃上色後，加入油蔥酥、蔥花、白胡椒粉略微翻炒。

6 將炒香的豬肉絲、皮蛋塊、油條段、薑絲加入白粥，開小火略微拌煮。

7 起鍋前加鹽、白胡椒粉調味，淋上些許白芝麻油，撒上蔥花即完成。

TIPS

◆ 煮粥前可先將米用冷水浸泡半小時，讓米粒膨脹開，水滾時再下米。

◆ 鑄鐵鍋煮粥，只需前 5 分鐘大火攪拌，不用一直顧火爐，非常方便。

◆ 煮好的白粥，可以加入各種食材做成不同粥品，一定要試試。

芋見小卷米粉湯

🍲烹調 **番茄鍋** | 🍽擺盤 **番茄鍋** | ⏰時間 **60 分鐘**

材料　6 人份

米粉	180g	金勾蝦	20g
芋頭	400g	芹菜	2 根
小卷	300g	蒜苗	2 根
豬五花肉	70g	高湯	1600cc
紅蔥頭	8 粒	食用油	適量
乾香菇	8 朵		

調味料

米酒	少許
鹽	1 小匙
胡椒粉	1/2 小匙

【醃料】

醬油	1 大匙
胡椒粉	1/4 小匙
米酒	1 小匙

作法

1　芋頭削皮切塊（或用模具切花）。紅蔥頭切末。乾香菇泡開後切絲（香菇水留用）。芹菜先切少許末，其餘切段；蒜苗切斜刀片，蒜白蒜綠分開。

2　小卷、金勾蝦各淋少許米酒去腥。五花肉切絲，以醃料抓醃。米粉汆燙 2-3 分鐘後撈起。

3　熱鍋中加略多一點油，放入芋頭，半煎炸至表面金黃後，取出備用。

4　同鍋加入芹菜段及蒜白爆香，再加入小卷炒至變色後撈起備用。

5　同鍋再放入紅蔥頭、香菇、肉絲、金勾蝦爆香，最後放芋頭塊炒香。

6　再加入香菇水及高湯，煮至芋頭軟透。

7　放入米粉、小卷，以鹽、胡椒粉調味後煮熟，撒上芹菜末及蒜綠。

TIPS

◆可以再加入喜歡的海鮮，例如：文蛤、鮮蝦、魚，就是一道海鮮宴席料理。

◆想要更有古早味，最後亦可加入蛋酥。

食譜提供

Eddi

小米麵佐青醬

🍲 烹調 **26cm 淺鍋** | 🍽 擺盤 **番茄烤盅**
🕐 時間 **15 分鐘**

材料　1 人份

米型麵	100g
高湯	100cc
洋蔥碎	30g
鮮奶油	50cc
青醬	2 大匙
無鹽奶油	30g
帕瑪森起司粉	5g
橄欖油	2 大匙

調味料

鹽	適量
黑胡椒	適量

作法

1 熱鍋加油，放入洋蔥碎炒香後，加高湯、米型麵，小火煮 10-15 分鐘。

2 加入鮮奶油煮到小沸騰，用鹽、黑胡椒調味，關火，加入奶油、起司粉、青醬拌勻，即可盛盤裝飾。

TIPS

小火慢煮是基本，過程中用矽膠鏟仔細的攪拌會讓米型麵受熱更均勻。

烤茄子番茄
義大利麵

🍲 烹調 **26cm 圓鍋** ｜ 🍽 擺盤 **24cm 湯盤** ｜ 🕐 時間 **45 分鐘**

材料) 3-4 人份

捲管義大利麵 250g
茄子（胭脂茄或圓茄）........... 2 條
番茄罐頭 .... 1 罐（400g）
牛番茄 .... 4 顆
洋菇 60g
橄欖油 .... 3-5 大匙
九層塔 10g
帕瑪森起司 30g

調味料

鹽 .... 3 小匙
糖 .... 2 大匙
米粒醬油 .... 4 大匙
黑胡椒粗粒 .... 2-3 小匙
義式綜合香料（無五辛）........ 2 大匙

作法

1 茄子切約 3cm 厚的長條塊後鋪平，撒 1 匙鹽脫水靜置 15 分鐘，完成後淋橄欖油，拌入醬油與義式綜合香料1大匙，入烤箱以 170°C烤約 20-30 分鐘，至表面有焦脆狀或茄子軟化。

2 牛番茄切塊。義大利麵預先煮好備用，並保留少許煮麵水。洋菇切片，預先用橄欖油、糖、黑胡椒粗粒、醬油炒過備用。

3 熱鍋加油，放入牛番茄塊煮至出汁，再加入番茄罐頭、糖、鹽與義式綜合香料、黑胡椒粗粒、醬油調味。

4 把煮好的義大利麵加入鍋中與番茄醬汁、炒洋菇拌勻。

5 最後把九層塔與茄子一同拌入，盛盤前刨入帕瑪森起司即可。

TIPS

◆義大利麵下水煮的時間，要比包裝上的標示再少 1 分鐘。

◆義大利麵選擇好吸附醬汁的麵種。

◆為保持美觀，茄子下鍋後避免過度攪拌。

麻油雞
義大利麵

🍲 烹調 **28cm** 淺燉鍋 ｜ 🍽 擺盤 **24cm** 湯盤
🕐 時間 **20 分鐘**

Coco

材料　2 人份

天使細麵 ...... 1/2 包（250g）
雞胸肉 .... 1 片（約 300g）
嫩薑片 ...... 15 片（約 20g）
杏鮑菇 .... 3 大根
九層塔 .... 1 把
雞蛋 .... 1 顆
橄欖油（煎蛋用）........ 2 大匙
煮麵水 200cc

調味料

鮮奶油 .... 3 大匙
鹽 .... 1 小匙
白胡椒粉 .... 少許
麻油（拌麵用）........ 3 大匙

【 醃料 】
醬油 .... 2 大匙
胡椒粉 .... 少許

作法

1　滾水中加少許鹽和麻油（材料分量外），放入天使細麵，
　　再次煮滾後計時 10 分鐘，撈起備用。

2　杏鮑菇切片。九層塔切碎。雞肉切片，用醃料稍微抓醃。

3　熱鍋下橄欖油 2 大匙，煎 1 顆半生荷包蛋。

4　起油鍋炒香薑片、杏鮑菇片、雞肉片，再加入九層塔碎。

5　加入鮮奶油、鹽、白胡椒粉、煮麵水煮滾。

6　加入天使細麵，煨煮一下至收汁。

7　淋上麻油拌勻，放上荷包蛋，即可上菜囉！

TIPS
◆收汁若煮太乾，再多加一點煮麵水即可。
◆沒嫩薑的季節，把薑磨成泥口感更佳。

雞肉起司
焗烤大貝殼麵

🍲烹調 **24cm 圓鍋** ｜ 🍽 擺盤 **20cm 烤盤、15cm 圓盤** ｜ 🕐時間 **30 分鐘**

材料 · 4 人份

大貝殼麵	20 個	【 醃料 】	
雞腿肉	320g	鹽	3g
奶油乳酪	120g	白胡椒粉	1g
起司絲	60g	麵粉	60g
食用油	適量	雞蛋	1 顆

【 白醬 】

水	500cc
鮮奶	500cc
麵粉油	120g

（80g 麵粉＋40g 油混合）

作法

1 雞腿肉切塊，加入醃料拌勻。

2 鍋中加油到可淹過雞肉的量，熱鍋到 180°C後，放入雞腿肉炸熟。

3 滾水中加鹽（材料分量外），放入大貝殼麵，依照包裝標示時間煮熟。

4 製作白醬：將水與鮮奶煮沸，關小火，加入麵粉油快速攪拌即可。

5 取 1 個大貝殼麵，依序加入 1 匙奶油乳酪、1 塊炸雞塊，用手將貝殼麵稍稍握緊後，殼口朝下擺盤。

6 淋上白醬、撒起司絲，放入烤箱以 150°C烤 10-15 分鐘即可。

TIPS

◆大貝殼麵中塞入所有材料（步驟 5）後，可以冷凍保存當常備菜。食用前用微波加熱，再加白醬、起司絲烤熟即可。

◆炸雞塊也可以直接改用市售鹽酥雞，做起來更輕鬆快速。

◆可用水煮蝦仁替換炸雞塊，就會變成蝦仁口味大貝殼麵。

蘆筍青草燉麥

🍲 烹調 **26cm 圓鍋** ｜ 🍽️ 擺盤 **24cm 湯盤** ｜ 🕐 時間 **45-60 分鐘**

材料   4 人份

月光下小麥 .... 2 米杯
蘆筍 .... 1 把（約 120g）
龍葵 20g
紅蔥頭 50g
洋蔥 50g
杏鮑菇 60g
洋菇 80g
水 20cc
黃檸檬皮 .... 1/2 顆的量

調味料

糖 .... 2 大匙
鹽 .... 1 小匙
橄欖油 .... 5-6 大匙
古早味醬油膏 .... 2 大匙
黑胡椒粗粒 .... 適量
黃檸檬汁 .... 1 顆的量

作法

1 蘆筍尾（尖端）保留，其餘削皮後與龍葵一起於滾水中汆燙，再放入冷水冰鎮。蘆筍尾用鍋子煎過或炙燒，表面上色後備用。

2 將蘆筍與龍葵放入果汁機，過程中加入橄欖油、黃檸檬汁、少量水、1 大匙糖與 1 匙鹽，打成青醬。

3 杏鮑菇切丁、洋菇切片後，用中小火炒至表面金黃。

4 小麥（不用事先泡水）與水 1：1，預先用電鍋煮熟放涼（約 20 分鐘，如果還太生再另外煮 15 分鐘）。

5 紅蔥頭、洋蔥切細丁，下油炒至有香味，再加入炒好的菇類、1 大匙糖、黑胡椒粗粒、古早味醬油膏爆香。

6 加入小麥快速翻炒，再下青醬拌勻，汁微稠後即可關火（切勿煮太久）。

7 盛盤後擺上蘆筍尾，刨入黃檸檬皮後即可。

TIPS

◆食譜中所提到的小麥是雲林的月光下友善農場生產。

◆蘆筍是可全利用的蔬菜，刨下的皮與切下的底部皆可保留熬湯或煮成蘆筍汁。

食譜提供

Lydia Lee

荷包蛋番茄麵

🍲 烹調 **28cm 淺燉鍋** ｜ 🍳 擺盤 **20cm 煎鍋** ｜ 🕐 時間 **35 分鐘**

材料　4 人份

麵條	3 把
豬梅花肉片	180g
雞蛋	5 顆
雙色菇	1 包
牛番茄	5 顆
洋蔥	1 顆
小白菜	1 把
薑	1 小段
蔥花、香菜末	少許
水	1200cc
食用油	少許

調味料

鰹魚粉	8g
鹽	1 小匙
香油	少許
醬油	1 小匙

作法

1 熱鍋加油，依序煎好荷包蛋，切大塊備用。

2 菇類切掉根部、剝小朵。番茄切大塊。洋蔥切絲。小白菜切段。薑切絲。

3 熱鍋加油，先將洋蔥炒香，放入番茄拌炒，再加入薑絲與醬油略微燜煮。

4 加入荷包蛋與水，燜煮約 8 分鐘。

5 起另一鍋煮麵條 1 分鐘後關火，上蓋燜熟約 10 分鐘。

6 依序將麵條、肉片、雙色菇和小白菜放入步驟 4 的鍋中，加鰹魚粉、鹽後煮熟。

7 起鍋前再撒香菜末、蔥花與香油即完成。

TIPS

◆番茄可混用少許小番茄，酸度更豐富，畫面也更好看。

◆用松阪豬代替梅花豬，風味也很好。

CHAPTER

7

實作篇

恆溫入味！療癒全家人的

溫暖鍋物湯品

Delicious Everyday

一碗溫暖的湯，是撫慰身心最好的調劑。
不需要繁多的烹調技巧，只要把所有食材放入鍋中，
就能透過鑄鐵鍋鎖住所有原味，慢火燉煮出一鍋鍋美味。

食譜提供

陳儷方

蘋果洋蔥雞湯

🍲 烹調 24cm 和食鍋 ｜ 🍽 擺盤 南瓜鍋
🕐 時間 30 分鐘

材料 4 人份

仿土雞腿	1 隻（約 500g）
蘋果	2 顆
洋蔥	2 顆
紅棗	8 顆
枸杞	1 小把
水	適量

調味料

鹽	適量

作法

1 雞腿肉切塊，放入滾水中汆燙去血水，再用清水洗去雜質。

2 蘋果削皮、去籽切塊。洋蔥切大塊。

3 將雞腿肉、蘋果、洋蔥、紅棗放入鍋中，加水至略淹過食材。

4 上蓋，小火煮滾 30 分鐘後關火，加鹽調味，再撒入枸杞即可。

TIPS

喜歡湯頭更鮮甜，蘋果、洋蔥可酌量增加。

食譜提供

Lydia Lee

百菇冬瓜
蛤蜊雞湯

🍲 烹調 24cm 和食鍋 ｜ 🍽 擺盤 16cm 飯鍋
🕐 時間 30 分鐘

材料 4 人份

大雞腿 .... 1 隻
雙色菇 .... 1 包
冬瓜 .... 1 段
蛤蜊 600g
薑 .... 1 小段
蔥 .... 少許
水 1000cc

調味料

米酒 .... 少許
鰹魚粉 8g
鹽 .... 1 大匙

作法

1 雞腿切大塊，用熱水汆燙備用。

2 菇類切掉根部、剝成小朵。冬瓜去皮切片（可再用花模
　具切花，將切花剩下的冬瓜放調理機打汁）。薑切絲。
　蔥切蔥花。

3 鍋中加冬瓜汁與水約六分滿，加入薑絲、調味料煮滾，
　再放入雞腿與冬瓜，小火燜煮 30 分鐘。

4 接著加蛤蜊和雙色菇，煮到蛤蜊殼開，撒上蔥花享用。

螺肉筍片雞湯

🍲 烹調 **24cm** 和食鍋 ｜ ◯ 擺盤 **24cm** 和食鍋

🕐 時間 **60** 分鐘

材料 5 人份

全雞 .... 1 隻（約 1200g）
綠竹筍 .... 約 300g
乾魷魚 .... 約 30g
螺肉罐頭（高湯用）........... 1 罐
水 1300cc

調味料

米酒 .... 2 大匙
鹽 .... 2 小匙
胡椒粉 .... 適量

作法

1 綠竹筍切片。魷魚剪成適口大小的條狀，洗淨後，浸泡飲用水 30 分鐘。

2 全雞切除雞頭、脖子與雞爪，煮一鍋滾水汆燙雞，再用清水洗淨。

3 鍋內加 1300cc 水、200cc 螺肉罐頭湯汁、米酒 2 大匙以及魷魚煮沸。

4 放進雞、筍片後上蓋，以小火燉煮 30 分鐘。

5 開蓋加入螺肉、鹽、胡椒粉，續煮 5 分鐘，即可上桌享用。

TIPS

◆ 若遇蒜苗盛產季節，起鍋前可加入些許蒜苗增添風味。

◆ 買不到新鮮綠竹筍時，可用真空包裝沙拉筍代替。

食譜提供

Sally Huang

當歸蓮藕烏骨雞湯

🍲 烹調 **23cm 橢圓鍋** | 🍽 擺盤 **23cm 橢圓鍋**
🕐 時間 **40 分鐘**

材料 4 人份

烏骨雞腿 ...... 1 隻（約 500g）
蓮藕 .... 1 節（200g）
當歸 .... 1 片
蓮子 60g

紅棗 .... 4 顆
枸杞 7g
水 1200cc

調味料

鹽 .... 適量

作法

1 烏骨雞腿切塊，放入冷水鍋中煮滾略微汆燙，再以清水洗淨雜質備用。

2 蓮藕削皮，切成約 0.5cm 厚的片狀。

3 將烏骨雞腿塊、蓮藕、蓮子及當歸、紅棗放入鍋中，加水，中大火煮沸後，撈除浮沫，上蓋轉小火煮 30 分鐘，中間可開蓋撈除浮沫。

4 起鍋前加鹽調味，再撒入枸杞即可。

TIPS

◆鹽最後才放，可視口味調整鹹淡。

◆燉煮過程中不時將浮沫撈除，湯頭會更為清澈。

酸菜肚片湯

🍲 烹調 24cm 和食鍋 ｜ 🍽 擺盤 23cm 橢圓鍋 ｜ 🕐 時間 75 分鐘

材料 4-6 人份

豬肚	1 副
排骨	350g
酸菜心	300g
蔥	6 根
薑	1 小段
水	1800cc
香油	1 大匙

調味料

糖	1/2 小匙
鰹魚粉	1 小匙
白胡椒粉	少許
米酒	1 大匙
鹽	1/4 小匙
（最後酌量添加）	

作法

1 豬肚洗淨對半剪開去油。酸菜洗淨切片。蔥 4 根切斜段。薑 10g 切絲，其餘切片。

2 起一鍋滾水加 2 根蔥、薑片、少許米酒（材料分量外），放入豬肚煮 15 分鐘後，取出洗淨，再斜切成 5×3cm 薄片。

3 排骨放入冷水鍋煮滾汆燙，取出洗淨備用。

4 熱鍋加香油，先爆香薑絲、蔥白段，再加入酸菜片炒 1 分鐘。

5 接著放入豬肚片、排骨和剩餘蔥段，加入 1800cc 水、調味料，以中大火煮開。

6 轉中小火，撈除浮沫後，再轉小火煮 60 分鐘（維持湯在不滾狀態）即可。

TIPS

◆酸菜的鹹度與酸度各家不同，請依個人口味斟酌調味料量，也可以省略鹽。

◆享用前可再依個人喜好加點白醋。

食譜提供

Charlotte
Song

山藥玉米
排骨湯

🍲 烹調 26cm 淺燉鍋 | 🍽 擺盤 24cm 圓鍋
🕐 時間 20 分鐘

材料 2-4 人份

梅花排骨 300g
山藥 .... 1 條
玉米 .... 2 條
紅蘿蔔 .... 1/3 條
火鍋料 .... 適量
水 2000cc

調味料

鹽 .... 4 小匙

作法

1 梅花排骨汆燙去血水，山藥切大塊，玉米切段，紅蘿蔔切適口大小（或用模具切花）。

2 將水倒入鍋中煮滾，加入排骨、玉米、紅蘿蔔、火鍋料，上蓋，以中大火煮至沸騰冒煙。

3 加入山藥，小火煮約 10 分鐘，撒鹽調味後即可上桌。

TIPS

山藥切大塊一點、最後再放，比較不會因為久煮散開。

草菇排骨湯

🍲 烹調 20cm 和食鍋 | 🍽 擺盤 18cm 和食鍋
🕐 時間 60 分鐘

材料 4-5 人份

草菇 300g
豬肋排骨 450g
蛤蜊（已吐沙）........ 150g
薑 20g
青蔥 .... 3 根
水 1200cc

調味料

鹽 .... 1 小匙
昆布粉 .... 1 小匙
清酒或米酒 .... 1 大匙

作法

1 草菇快速洗淨泥土。薑切絲。
   青蔥綁成結。

2 排骨放入冷水鍋煮滾氽燙，取
   出洗淨備用。

3 鍋中放入水、薑絲、青蔥結，
   滾煮 20 分鐘後撈除蔥結。

4 放入草菇、排骨，先以中大火
   滾沸，撈除浮沫雜質。

5 加入調味料，再轉小火燉煮 40
   分鐘。

6 最後加入蛤蜊，待再次滾起、
   蛤蜊殼開後關火即完成。

TIPS

草菇買回家後要立刻打開
袋子冷藏，因為隔夜就會
出水變質，所以當天就要
料理完畢。

食譜提供

Emely Wu
吳惠婷

四神山藥排骨湯

🍲 烹調 **24cm 和食鍋** ｜ 🍽 擺盤 **24cm 和食鍋**
🕐 時間 **60 分鐘**

材料 3-4 人份

豬肋排骨	650g
山藥	200g
四神藥膳包	1 包（約 115g）
水	1500cc
枸杞	5g

調味料

鹽	1/4 小匙

作法

1 山藥切大塊。

2 排骨稍微用滾水汆燙，清洗後備用。

3 將排骨、山藥、藥膳包放入鑄鐵鍋，加水後上蓋，小火燉煮至少 1 小時。

4 起鍋前加鹽調味、撒入枸杞即可上桌。

TIPS

◆排骨燉煮到自己喜歡的軟硬度即可。煮約 30 分鐘時可開鍋蓋確認，水太少時稍微補一下水。

◆起鍋後可以加入少許「當歸枸杞藥酒」：將 1 片當歸、少許枸杞（不用洗），以 300cc 米酒頭浸泡一天（使用玻璃瓶），小心不要有水氣以免發霉。

食譜提供

張秀珍

清燉牛雜湯

🍲 烹調 **24cm 和食鍋** ｜ 🍽 擺盤 **番茄鍋**
🕐 時間 **80 分鐘**

材料 5-6 人份

牛雜 400g
白蘿蔔 .... 1 條
紅蘿蔔 .... 1/2 條
薑片 .... 4-5 片
水 1600-2000cc

調味料

鹽 .... 適量

作法

1 牛雜放入冷水中，煮滾汆燙，撈
　除雜質浮沫，再取出洗淨備用。

2 白、紅蘿蔔切適口大小（或用模
　具切花）備用。

3 鍋中加水、牛雜及薑片，水滾後
　轉小火燉煮 20 分鐘。

4 再加入紅、白蘿蔔並用鹽調味，
　小火續煮 40 分鐘至入味。

TIPS

這道湯除了牛雜，也可
改用牛腱、牛腩代替。

食譜提供

Ellen Chou

紅燒番茄牛肉湯

🍲烹調 **24cm** 和食鍋 | 🍽擺盤 愛心鍋 | 🕐時間 **120** 分鐘

材料 4 人份

牛腱 .... 2 條（約 800g）
薑片 .... 4-6 片
蔥 .... 1 把（約 70g）
洋蔥 .... 1/2 顆
牛番茄 .... 3-5 顆（視大小）
月桂葉 .... 2 片
熱水 800cc
食用油 .... 1 大匙

調味料

醬油 70cc
紹興酒 30cc
糖 .... 2 大匙
黑胡椒 .... 適量

作法

1 牛腱切厚片，放入滾水中，等水再次沸騰後關火，取出洗淨備用。

2 洋蔥切塊，牛番茄切瓣。蔥先切少許蔥花裝飾用，其餘捆成一個結備用。

3 熱鍋加油，放入洋蔥炒至半透明，再下番茄一起炒到有香氣後撈出備用。

4 原鍋下薑片煸出香氣，牛肉下鍋一同翻炒，聞到肉香時倒入醬油、酒、糖炒勻。

5 將炒好的洋蔥和番茄倒回鍋中，加入熱水、蔥結、月桂葉、黑胡椒，上蓋後小火燉煮 60 分鐘，關火燜 30 分鐘。

6 開鍋夾出蔥、月桂葉，撒上蔥花即可享用。

TIPS

◆此配方湯汁偏鹹，適合加麵、飯。若要單喝，需再加水或高湯稀釋。

◆牛腱若要省略汆燙步驟，務必擦乾血水，與薑片一同炒至表面變色有香氣再燉煮。

◆醬油各品牌鹹味不同，煮滾後先試味道調整再繼續燉煮。

◆燉煮時番茄皮會自然脫落，若不喜番茄皮口感，夾出即可。

食譜提供

孫夢莒

絲瓜雞蛋湯

🍲 烹調 **18cm 和食鍋** | 🍽 擺盤 **18cm 和食鍋**
🕐 時間 **5-8 分鐘**

材料　3-4 人份

絲瓜	1 條
雞蛋	3 顆
薑	10g
蔥	2 根
枸杞	10g
熱水	600cc
植物油	2 大匙

調味料

鹽	1 小匙
胡椒粉	1 小匙
糖	1 小匙

作法

1 絲瓜去皮切 1/4 圓片。薑切絲。蔥白切段,蔥綠切蔥花。

2 熱鍋後倒 1 大匙油,打入雞蛋煎成荷包蛋後取出,切塊備用。

3 原鍋繼續加熱,再加 1 大匙油,放入薑絲、蔥白段炒香,再倒入熱水煮滾。

4 加入煎好的雞蛋、絲瓜,再次煮滾後,以鹽、糖、胡椒粉調味。

5 最後加入枸杞、蔥花,煮約 3 分鐘就完成了。

TIPS

鑄鐵鍋冷、熱溫差過大會很傷鍋子,所以當鍋子高溫時要加熱水,避免溫差太大。

食譜提供

楊碧君

菜頭肉羹湯

烹調 **24cm 和食鍋** | 擺盤 **12cm 日本碗** | 時間 **30 分鐘**

材料 6 人份

市售肉羹 .... 1 斤（約 600g）
白蘿蔔 .... 1/2 條（約 350g）
紅蘿蔔 .... 1/2 條（約 100g）
柴魚片 10g
太白粉 40g
油蔥酥 .... 適量
香菜碎 .... 少許
水 1800cc

調味料

鹽 .... 1 小匙
醬油 .... 1-2 大匙
烏醋 .... 1 大匙
胡椒粉 .... 適量

作法

1 紅、白蘿蔔切約 1.5cm 的丁。

2 鍋中加水，放入紅、白蘿蔔，中火煮滾後，轉中小火煮 20 分鐘。

3 加入肉羹和柴魚片，先以中火煮滾，再轉中小火煮 5 分鐘。

4 加入油蔥酥，並以鹽、醬油、烏醋、胡椒粉調味。

5 太白粉加少許常溫水拌勻，一邊慢慢倒入鍋中勾芡一邊攪拌。

6 起鍋前再加入香菜碎即可。

TIPS

◆太白粉水的水一定要用常溫水。

◆最後起鍋前也可以再加少許沙茶醬提味。

和風培根
牛蒡焗烤起司湯

🍲 烹調 **20cm 圓鍋** ｜ 🍽 擺盤 **24cm 湯盤** ｜ 🕐 時間 **40 分鐘**

材料　2 人份

培根	2 片
蒜苗（蒜白）................	1 根
牛蒡 .... 1/3 根（約 50g）	
橄欖油	2 大匙
法國麵包片	2-4 片
西生菜	1-2 葉
起司絲	適量

調味料

高湯醬油	3 大匙
柴魚高湯	1000cc
米酒	1 大匙

作法

1 牛蒡切片或刨絲後泡水，蒜白切片，培根切絲，西
　生菜切絲。

2 熱鍋加 1 大匙油後，先下培根炒至微金黃，再下蒜
　白炒香。

3 接著加入瀝乾的牛蒡稍微拌炒。

4 加入所有調味料，上蓋中小火煮至入味。

5 另起一鍋倒入 1 大匙油熱鍋，轉米粒火，放入法國
　麵包片略煎至兩面邊緣有些金黃酥脆。

6 再把西生菜絲堆在法國麵包上，放上起司絲，上蓋
　略燜至起司融化。

7 將湯盛入湯盤，每盤放一片焗烤法國麵包享用。

TIPS

◆焗烤法國麵包也可用烤箱製作。麵包先烤
　酥再取出,依序放上生菜絲、起司絲,再
　回烤至起司融化。

◆若無柴魚高湯,可用清水＋鰹魚粉代替。
　若是鹹味偏淡,也可加少許鹽調味。

馬鈴薯蘑菇濃湯

🍲烹調 **20cm 圓鍋** | 🍽擺盤 **南瓜盅** | 🕐時間 **40 分鐘**

材料 4-5 人份

馬鈴薯 400g
蘑菇 200g
洋蔥 .... 1 顆
蒜頭 .... 6 瓣
無鹽奶油 20g
牛奶 400cc
水 500cc
橄欖油 .... 適量

調味料

鹽 .... 2-3 小匙
黑胡椒粉 .... 適量
義式綜合香料 .... 少許

作法

1 馬鈴薯去皮切塊，蘑菇切片，大蒜切末，洋蔥切絲備用。

2 鍋內不放油，放入蘑菇片煸香，炒到出水後，起鍋備用。

3 原鍋放油，放入大蒜、洋蔥爆香，炒至洋蔥呈半透明。

4 鍋內放入馬鈴薯、一半的蘑菇片炒香，再加水煮至馬鈴薯熟透。

5 整鍋以果汁機或調理機打勻後，倒回鍋內以小火續煮，再加入牛奶、另一半的蘑菇片及無鹽奶油。

6 煮熟後即可加鹽、黑胡椒粉調味，再撒義式綜合香料點綴即完成。

TIPS

◆水和牛奶比例可以調整，喜歡濃郁口感可增加牛奶量。

◆保留一半的蘑菇片不打勻，可以增加湯品的口感層次。

普羅旺斯
什錦菇菇湯

🍲烹調 16cm 飯鍋 ｜ 🍲擺盤 23cm 橢圓鍋 ｜ ⏱時間 10 分鐘

材料　4 人份

綜合菇類 250g
高湯 1000cc

調味料

普羅旺斯香草粉 .... 1 小匙
海鹽 .... 1/2 小匙
黑胡椒 .... 少許

作法

1 菇類切薄片或喜歡的大小。

2 中火熱鍋至稍熱不燙的程度，放入所有菇類煸炒至出水。

3 接著加高湯，轉大火，小滾時加入調味料煮沸。

4 關火後即可上桌享用。

TIPS

◆各種菇類皆可。若購買的是鴻喜菇、雪白菇等生長在無菌室的菇
類，不需清洗即可使用。

◆普羅旺斯香草粉可以購買市售品，也可以自己調配——將大約等量
的乾燥香草，包含夏香薄荷（Summer Savoury）、迷迭香、百里
香、奧勒岡、馬郁蘭、薰衣草，混合磨粉（薰衣草是特殊風味的主
角，使用一般花茶之乾燥薰衣草即可）。

◆食材與調味料量可依個人喜好增減，除了普羅旺斯香草粉，也可以
改用義式綜合香料。

◆若沒有高湯，也可以用水加市售調味粉，例如 2 小匙鮮味粉或 1/2
塊高湯塊。鮮味粉也可以自己調配——50g小魚乾、75g 乾香菇、
75g柴魚粉、15g 冰糖，混合研磨成粉即可。

托斯卡尼奶油湯

🍲 烹調 **24cm 和食鍋** | 🍽 擺盤 **22cm 圓鍋**
🕐 時間 **30 分鐘**

材料 5-10 人份

豬肉末	150g	馬鈴薯	2 顆
培根	100g	鮮奶油	500cc
洋蔥	1 顆	菠菜	300g
高湯	2000cc	食用油	30cc

調味料

鹽	10g
義式綜合香料	5g

作法

1 馬鈴薯切片,洋蔥切碎,菠菜切段。

2 熱鍋下油,先炒香肉末取出,接著炒香培根,加入鹽、義式綜合香料拌炒後,取出備用。

3 原鍋放入洋蔥碎炒香,加入高湯、馬鈴薯片、鮮奶油煮沸。

4 加入炒好的肉末、培根,小火煮到沸騰後,加入菠菜葉攪拌即可上桌。

TIPS

◆肉末炒香即可,不宜太熟。

◆菠菜放入後略攪拌即可,不需煮到爛。

◆加入菠菜是為了以草酸中和整體味道,也可以換成莧菜等其他綠色葉菜。

南瓜豆漿鍋

🍲 烹調 **24cm 和食鍋** | ◯ 擺盤 **26cm 煎鍋**
🕐 時間 **40 分鐘**

食譜提供

Michelle

材料 　2 人份

大白菜 .... 1/2 棵	**【 南瓜濃湯底 】**	
紅蘿蔔 .... 1 條	南瓜 .... 1 顆（ 約 500g ）	
白蘿蔔 .... 1 條	無糖豆漿 300cc	
牛番茄 .... 1 顆		
綠、白花椰菜 .... 數朵		
鮮香菇 .... 數朵		
豆皮 .... 3 片		

調味料

鹽 5g

作法

1 南瓜削皮切塊蒸熟，放涼後加入無糖豆漿打勻，再倒入矽膠模裡冷凍成冰磚。

2 大白菜切大段。紅蘿蔔、白蘿蔔用刨刀削長條。牛番茄切塊。

3 鍋底先鋪大白菜，接著放入花椰菜、牛番茄、香菇，再將紅蘿蔔片、白蘿蔔片、豆皮捲起後擺入鍋中空隙。

4 最後取出矽膠模中的南瓜冰磚，放入鍋中，開火慢慢融成南瓜豆漿濃湯、食材熟透即可享用。煮滾後再依個人喜好加鹽調味。

TIPS

◆ 這道料理的視覺效果好，很適合上桌後，用卡式爐慢慢煮。若沒有，直接整鍋在爐上煮熟也美味。

◆ 南瓜豆漿冰磚可以事先做好冷凍備用。若要現做現吃，不製作成冰磚也可以。

◆ 照片中間的玫瑰是將牛番茄削皮後捲成。

CHAPTER

8

實作篇

保溫保濕！濕潤軟綿又迷人的

甜品小點

Delicious Everyday

無論心情好或心情不好，都需要一份美味的甜點！
能夠承受高溫的鑄鐵鍋是鍋具、是模具，也是烤盤，
一起輕鬆端出各種烘焙點心、中式甜湯、西式小點。

香蕉蛋糕

🍲 烹調 **20cm 圓鍋** | 🍽 擺盤 **20cm 圓鍋**
🕐 時間 **45-50 分鐘**

材料 20cm 圓形×1 個

香蕉 .... 2 根（約 250g）	泡打粉 .... 2 大匙
砂糖 60g	小蘇打粉 .... 1/4 小匙
無鹽奶油 120g	優酪乳 50g
雞蛋 .... 2 顆	裝飾用的香蕉 .... 2 根
低筋麵粉 240g	

作法

1 取 2 根熟成香蕉去皮壓成泥，加入糖拌勻。

2 奶油隔水加熱融化後，加入香蕉泥裡拌勻。

3 雞蛋打散，也加入香蕉泥中，最後加入優酪乳。

4 低筋麵粉和泡打粉、小蘇打粉過篩，倒入香蕉蛋糊中拌勻。

5 鍋中底部四周抹一點奶油（材料分量外），再將麵糊倒入。

6 烤箱預熱 180°C。

7 另外 2 根香蕉剖半切片，放在蛋糕麵糊上面作為裝飾，然後放入烤箱，以 180°C 烤約 45-50 分鐘至表面金黃、蛋糕熟透。

8 放涼後倒扣，將香蕉蛋糕取出即完成。

TIPS

◆務必選擇外皮已有黑色斑點的香蕉。這樣香蕉的香氣和甜度才會足夠。

◆判斷蛋糕是否熟透，可用竹籤戳入蛋糕內部再取出，沒有麵糊沾黏即可。

◆喜歡肉桂味，可以在步驟 4 中加入 1/2 大匙的肉桂粉。

焦糖蘋果蛋糕

🍲 烹調 **16cm 和食鍋**
🍽 擺盤 **22cm 圓盤**
🕐 時間 **60 分鐘**

食譜提供

朱曉芢

（**材料**） 16cm 圓形 x 1 個

焦糖蘋果

富士蘋果 .... 2 顆（約 400g）
奶油 20g
細砂糖 40g

蛋糕體

低筋麵粉 100g
無鹽奶油 100g
糖粉 100g
雞蛋 .... 2 顆
泡打粉 3g

（**作法**）

前置作業

1 雞蛋及奶油放室溫回溫。

2 烤箱預熱 180°C。

3 鑄鐵鍋內抹一層奶油（材料分量外），底部鋪烘焙紙。

4 蘋果去皮，一開八片。

製作焦糖蘋果

5 另準備一個鍋子，放入奶油，以小火加熱融化後，倒入砂糖均勻鋪在鍋內，切勿攪拌，讓砂糖自然融化至褐色後再輕拌。

6 加入蘋果片拌炒，讓每一片蘋果均勻沾上焦糖，中小火煮 5 分鐘入味。

7 將煮好的焦糖蘋果片，在 16cm 的鑄鐵鍋中排列整齊備用，焦糖液一起倒入（排不下的蘋果切成小丁，最後加入蛋糕糊中）。

製作蛋糕

8 用打蛋器將室溫軟化的奶油打散，分三次加入糖粉打勻。

9 蛋液也分三次加入（每次都要打至吸收再加下一次）。

10 加入過篩的麵粉及泡打粉，用刮刀切拌均勻（蘋果丁在這時加入）。

11 將麵糊倒入鍋中，放入烤箱，以 180°C 烤 40 分鐘即可。

藍莓瑪芬

🍳 烹調 **10cm 圓鍋** ┃ 🍽 擺盤 **10cm 圓鍋**

🕐 時間 **30 分鐘**

材料 10cm 圓形 x 5 個

雞蛋	2 顆	低筋麵粉	200g
砂糖	100g	泡打粉	7g
牛奶	100cc	藍莓	100g
食用油	80cc	杏仁片	20g

作法

1 烤箱預熱 160°C。在迷你鑄鐵鍋中均勻抹油撒上麵粉（材料分量外）備用，使其易脫模（或放烘焙用紙杯）。

2 將藍莓和杏仁片以外的所有食材放入容器中，用機器或手動攪拌到滑順。

3 接著加入藍莓，手動攪拌幾下。

4 將麵糊分成五份平均倒入迷你鑄鐵鍋中，再撒上杏仁片。

5 放入預熱好的烤箱，以 180°C 烤 25-30 分鐘後即完成。

TIPS

◆用小刀插入蛋糕中心，然後迅速取出看，如果沒有黏液就是烤好了。

◆冷卻後可以撒上少許糖粉裝飾（如果想要更甜，可以在食材中多加糖）。

減醣低卡
燕麥優格蛋糕

🍲 烹調 **14cm** 烤盤 ┊ ⬭ 擺盤 **14cm** 烤盤
🕐 時間 **40 分鐘**

材料 14×11cm 長方形 x 2 個

燕麥 40g
全蛋 .... 1 顆
希臘優格 180g
藍莓 30g
無調味核桃 30g

作法

1 燕麥用調理機打碎。雞蛋打勻備用。無
  調味核桃壓碎。

2 希臘優格加入藍莓打勻,再倒入蛋液、
  燕麥粉、無調味核桃碎拌勻。

3 將蛋糕液倒入烤盤,放入預熱好的烤箱
  中,以 180°C 烤 25 分鐘。

4 取出放涼後冷藏,冰冰吃更好吃!

荷蘭寶貝鬆餅
原味&烤布里起司

🍲 烹調 15cm+21cm 橢圓烤盤
🍽 擺盤 15cm+21cm 橢圓烤盤
🕐 時間 25 分鐘

材料 15cm、21cm 各 1 個

鬆餅麵糊

雞蛋 .... 2 顆
中筋麵粉 60g
鮮奶 100g
砂糖 15g
香草精 2g
肉桂粉 1.5g

餡料

無鹽奶油 8g
布里起司 .... 1 個
水果 .... 依喜好

裝飾

蜂蜜 .... 適量（約 1-2 小匙）
堅果 .... 適量
檸檬汁 .... 適量
防潮裝飾糖粉 .... 適量

作法

1 將鑄鐵烤盤置入烤箱，以 210°C 預熱。

2 雞蛋打散，加入其餘麵糊材料，混勻至看不見粉粒後，靜置備用。

3 布里起司表面切割十字刀痕（不切斷），放入另一個鋪有烘焙紙的烤盤上。

4 取出烤箱中的熱鑄鐵烤盤，用奶油均勻塗抹鍋內預防沾黏，再緩緩倒入步驟 2 的麵糊。

5 將麵糊、布里起司一同放入烤箱，以 200°C 烘烤 15-18 分鐘。

6 烤至鬆餅長高且表面金黃上色、邊緣微焦。

7 出爐後，將起司放在鬆餅上，依喜好放入水果、堅果，再以蜂蜜、糖粉裝飾。也可以放入無鹽奶油、檸檬汁、糖粉，做成原味版本。

TIPS

◆此食譜的鬆餅麵糊約可做 15cm、21cm 烤盤各 1 個，或是 23cm 烤盤 1 個。

◆用來搭配鬆餅的水果、堅果等餡料和裝飾食材，都可以自由替換成喜歡的種類。

食譜提供

Molly
Chang

法式香草舒芙蕾

🍲 烹調 **10cm 圓鍋** ｜ 🍽 擺盤 **10cm 圓鍋**

🕐 時間 **25 分鐘**

材料 10cm 圓形 x 2 個

冰雞蛋	2 顆	砂糖	20g
鮮奶	80g	香草精	少許
無鹽奶油	20g	防潮裝飾糖粉	適量
低筋麵粉	10g		

作法

前置處理

1 預熱烤箱至 200°C。

2 準備食譜分量外的砂糖、軟化無鹽奶油。在烤盅內部先塗抹薄薄一層軟化奶油,並倒入砂糖,使砂糖沾附在烤盅內部,再將多餘砂糖輕拍倒出(可用於製作麵糊)。

3 將雞蛋的蛋白、蛋黃分開後,冷藏備用。

製作麵糊

4 鍋中放入無鹽奶油,用米粒火煮融後加入麵粉,混勻至看不見麵粉顆粒。

5 接著分 2-3 次慢慢加入鮮奶,邊煮邊攪拌至麵糊濃稠、可在表面畫 8 字的程度,即可關火。

6 關火後加入 2 顆蛋黃,並立即攪拌,以免蛋黃被燙熟。拌勻後加蓋備用,避免表面結皮。

7 將砂糖全部加入蛋白中,以電動打蛋器打發至濕性發泡(攪拌頭舉起呈不流動的彎鉤狀)。🅐

8 將蛋白霜分兩次與蛋黃麵糊、香草精拌合均勻。🅑🅒

9 倒入烤盅至九分滿。🅓

10 將烤盅放入烤箱中下層,以 200°C 烘烤約 10-15 分鐘至表面金黃、高度介於 1-2cm 即可出爐,依喜好撒上防潮糖粉裝飾。🅔

TIPS

◆ 冰過的蛋白打發後狀態比較穩定,且不易消泡。

◆ 此食譜已降低糖量,可先試做再決定是否減糖,避免影響蛋白的穩定度。

◆ 確保打發蛋白的器具皆乾燥、無油脂,以免打發失敗。若為手動打發,砂糖建議分三次加入。

◆ 舒芙蕾是利用空氣熱脹冷縮的原理,所以溫度降低後高度也會降低,建議出爐後立即享用,但務必小心燙口!

西瓜造型
戚風蛋糕

烹調 **16cm 和食鍋** ｜ 擺盤 **20cm 圓盤**
時間 **70 分鐘**

材料 16cm 圓形 x 1 個

蛋黃糊

食用油 25g
水 50g
低筋麵粉（過篩）..... 60g
蛋黃 .... 3 顆

蛋白霜

蛋白 .... 3 顆
砂糖 50g
食用色素 .... 少許
（深綠、淺綠、紅）

作法

1 將蛋黃糊材料依序加入盆中混勻。

2 蛋白中加入砂糖，以電動打蛋器打至乾性發泡。**Ⓐ**

3 先取 1/6 蛋白霜混合蛋黃糊，再倒回剩餘蛋白霜中混勻。

4 蛋糕糊分 4 份調色（原色 20g／深綠 6g／淺綠 80g／其餘都紅色），裝入三明治袋中。**Ⓑ**

5 先畫底部：
   淺綠蛋糕糊袋口剪洞 0.8cm，沿著鍋緣畫兩圈。**Ⓒ**
   原色蛋糕糊袋口剪洞 0.5cm，貼著淺綠蛋糕糊畫兩圈。**Ⓓ**
   紅色蛋糕糊袋口剪洞 1cm，畫圈填滿底部中間。**Ⓔ**

6 再畫鍋邊：用深綠蛋糕糊，貼著鍋壁由下往上畫出粗西瓜紋。**Ⓕ**

7 最後填滿：先用淺綠蛋糕糊蓋住深綠西瓜紋，中間再依序堆疊剩餘麵糊。**ⒼⒽ**

8 放入預熱好的烤箱中：
   上火 190℃／下火 100℃，烤 15 分鐘到表面結皮後割十字線。
   上火 160℃／下火 100℃，烤 25 分鐘到蛋糕熟透。
   上火 190℃／下火 100℃，烤 10 分鐘上色。

9 出爐後輕敲桌面兩下，倒扣至完全涼即可脫模、切成喜歡的形狀。

10 把融化巧克力（材料分量外）裝入三明治袋，剪小洞口在蛋糕上擠圓，再以牙籤畫尖，做出西瓜籽。

TIPS

◆用冷藏蛋打的蛋白霜較穩定。

◆可用食用色膏或天然色粉調色。

◆畫麵糊時每圈約 0.5cm 高度。

◆以竹籤插入蛋糕中心點，如竹籤沒有沾黏麵糊代表熟透。

◆烤箱溫度與時間僅供參考。

◆必須完全冷卻定型才能脫模。

◆原味蛋糕食譜同上，做到步驟 3 倒入鑄鐵鍋烤熟即可。

食譜提供
甜媽鍾鋗

芒果糯米飯

🍳 烹調 24cm 鍋（蒸糯米）、
　　16cm 鍋（煮拌醬）、
　　14cm 鍋（煮淋醬）

🍲 擺盤 10cm 圓鍋、11cm 橢圓鍋、
　　31cm 魚碟鍋

🕐 時間 60 分鐘

材料 5 人份

泰國長糯米 600g
香蘭葉 .... 10 片
椰奶 450cc
新鮮芒果 ...... 2 顆（切花或切丁）
炸綠豆仁 .... 40g（可省略）

砂糖 .... 4 大匙
鹽 .... 1/2 小匙（甜糯米拌醬用）
鹽 .... 1/4 小匙（淋醬用）
在來米粉 .... 1 大匙

天然色粉水

紅色：甜菜根粉 2.5g +150cc 水調勻
黃色：薑黃粉 2.5g +150cc 水調勻
藍色：蝶豆花 5-8 朵，用 150cc 熱水泡開
綠色：香蘭葉 6 片加入 150cc 清水，用果汁機攪碎並過濾

作法

1 準備 5 個器皿，將泰國長糯米洗淨後分成 5 份（每份 120g）。

2 分別泡在事先調好的 4 色天然色粉水（另一份為清水）中，浸泡至少 4 小時或一夜。

3 將各色糯米瀝乾後，用粿巾包好備用。

4 準備一蒸架，鍋內放水八分滿，放入 6 片香蘭葉煮滾後，放上蒸架，擺上步驟 3 的糯米，蒸約 30-40 分鐘。

5 煮甜糯米椰奶醬：將 300cc 椰奶放入小鍋中，加入 4 片香蘭葉、鹽 1/2 小匙及糖 4 大匙，煮至糖溶化後，分成 5 份趁熱拌入各色蒸熟的糯米內，靜置 10 分鐘後再次鬆飯。

6 煮椰奶淋醬：將 150cc 椰奶加熱，加入鹽 1/4 小匙及在來米粉，攪拌至黏稠狀後，熄火備用。

7 步驟 5 放涼，準備花型模具將各色糯米放入後倒扣於盤上，淋上椰奶淋醬，擺上芒果，可再依喜好撒上炸綠豆仁。

TIPS

◆此食譜用的是泰國長糯米，若喜歡較軟爛的口感，可以改用圓糯米。

◆此處的在來米粉是為了增加椰奶淋醬的黏稠度，若無可用玉米粉取代。

◆炸綠豆仁是用綠豆仁泡軟後擦乾油炸，吃起來酥脆，若無則用黑白芝麻取代。

◆天然色粉可在食品烘焙店購買，也可用紫高麗菜、甜菜根等蔬果汁調色。

食譜提供

甜媽鍾銷

紫米芋頭茶巾絞

🍲 烹調 **16cm 飯鍋** | 🍽 擺盤 **35cm 魚盤**
🕐 時間 **60 分鐘**

材料　6 人份

紫糯米 .... 1 杯（約 180g）
圓糯米 .... 1 杯（約 180g）
桂圓乾 .... 10 粒　　無鹽奶油 20g
米酒 .... 1 大匙　　砂糖 .... 2.5 大匙
芋頭（削皮後）............ 300g　　紫米水 ..... 1.4 杯（約 250g）

作法

1 紫糯米及圓糯米洗淨後，分開浸泡 4 小時或隔夜，瀝乾備用，紫米水留用。

2 桂圓乾泡米酒後切細末。

3 芋頭切薄片蒸熟後，趁熱拌入無鹽奶油及砂糖，充分攪碎成泥狀。

4 取一飯鍋放入紫米及糯米稍微混合，放入桂圓末、紫米水拌勻後蓋上鍋蓋。

5 轉中小火煮至鍋邊冒出水蒸氣後，轉米粒火煮 8 分鐘，移開爐火，不掀蓋靜置 15 分鐘，開蓋鬆飯。

6 取一保鮮膜或沾濕擰乾的薄綿紗布，將紫米飯 40g 及芋泥 22g 分別捏成球狀。

7 將紫米糯稍捏扁，包入芋泥球，再放到保鮮膜或紗布中間，扭轉收口。🅐

8 最後稍加塑形，打開即可。

TIPS

◆ 使用鑄鐵鍋煮糯米飯，米：水為 1：0.7，即
可煮出粒粒分明的口感。

◆ 紫米水富含花青素，可以當作煮飯水使用。

◆ 茶巾絞是一種日式小點心，利用茶道中擦拭
茶具邊緣的棉布包裹後扭轉出造型，若無棉
布可用保鮮膜替代。

食譜提供

楊碧君

百合蓮子湯

🍲 烹調 **20cm 和食鍋** | 🍽 擺盤 **南瓜盅** | 🕐 時間 **40 分鐘**

材料 4 人份

新鮮百合	50g
新鮮蓮子（帶膜）	150g
紅棗	8 粒
枸杞	20g
水	1500cc
冰糖	50g

作法

1 百合、蓮子不用浸泡不用退冰，洗淨即可。

2 在鍋中放入水、百合、蓮子、紅棗，中火煮沸後，轉中小火煮 15 分鐘。

3 關火，上蓋燜 20 分鐘。

4 開中火，加入冰糖，一邊攪拌一邊煮約 3 分鐘至冰糖溶解。

5 起鍋前再加入枸杞即可享用。

TIPS

◆這道甜湯冷熱皆宜。

◆枸杞在熄火後加入即可，不用滾煮。

◆帶膜蓮子有鐵質，容易氧化，呈現紅褐色，屬正常現象。乾燥蓮子亦可。

食譜提供

Sally Huang

核桃黑芝麻糊

🍲 烹調 **16cm 和食鍋** ｜ 🍽 擺盤 **8cm 碗** ｜ 🕐 時間 **70 分鐘**

材料　2-3 人份

綜合堅果（無調味）	50g	水（煮米用）	350g
黑芝麻	60g	水（調整濃度）	100g
白芝麻	10g	松子（裝飾用）	適量
糙米	40g	黑糖	約 15g
白米	20g		

作法

1 將綜合堅果、黑白芝麻放入鍋中，以最小的米粒火乾煸約 8-10 分鐘，直到香氣出現後，放涼備用。

2 接著將糙米、白米、炒香的堅果、黑白芝麻一起放入鍋中。

3 鍋內加水 350g，以中大火煮滾，再轉米粒火煮 25 分鐘，中途可開蓋稍微攪拌，並檢查水量，若快乾掉再補少許水（不宜太多）。

4 關火，燜 20 分鐘放涼，再加入黑糖調整至喜歡的甜度。

5 待整體放涼後，倒入果汁機或調理機中打至濃稠細緻。過程中可加水（約 100g）調整濃度，也可再加黑糖調整甜度。盛碗後撒上松子做裝飾。

TIPS

◆這道核桃黑芝麻糊非常適合入秋冬（立冬、臘八時期）時作為食補，也可加入牛奶一同享用。

◆翻炒堅果及芝麻時，務必維持最小的火力，以免炒焦。觀察白芝麻顏色轉為金褐色時，即可關火。

◆綜合堅果建議使用無調味堅果，鹽味或蜜汁堅果較不適合。

食譜提供

Elise
Chang

肉桂椰香
米布丁

🍲 烹調 **20cm** 圓鍋 ｜ 🍽 擺盤 **8cm** 碗 ｜ 🕐 時間 **15** 分鐘

材料　6 人份

白飯	600g
冷水	1000cc
香茅	3 支
椰漿	400cc
白砂糖	3 大匙
肉桂粉	1g

作法

1 香茅切斷，用刀背拍扁，加入冷水中煮 5 分鐘後撈除。

2 將白飯放入香茅水中，煮 8 分鐘。

3 準備一個鍋子倒進椰漿、砂糖，加熱至糖融化即可。

4 將椰漿液倒入步驟 2 中拌勻，放涼後冷藏。

5 食用前在表面撒上肉桂粉裝飾提味即可。

TIPS

◆ 這道甜點可以用剩飯來製作，非常方便又好吃！

◆ 不敢吃肉桂，也可以在表面均勻撒一層砂糖後，加熱鐵湯匙約 5 秒，反覆燙砂糖成焦糖片就完成了！

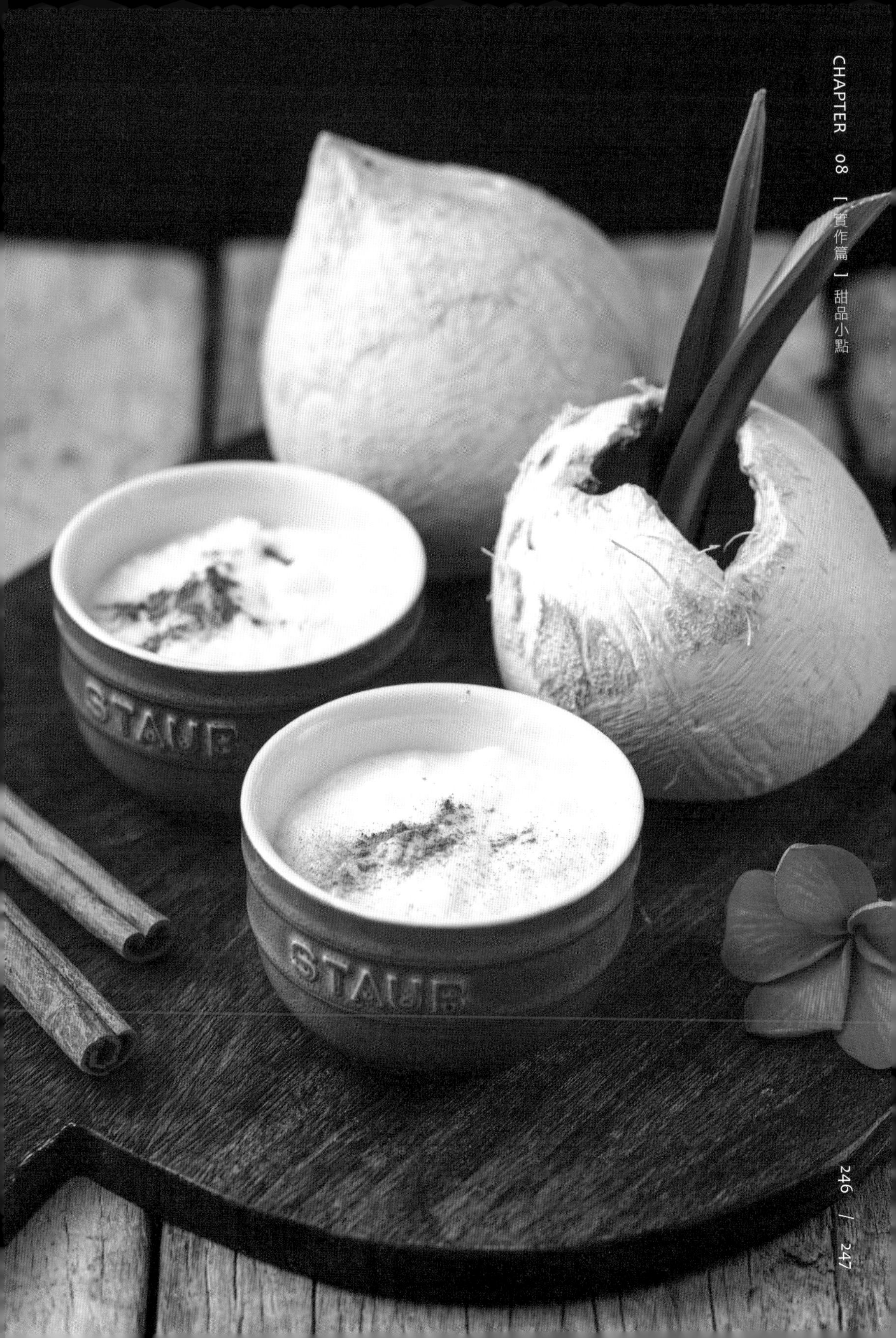

作者介紹 —— 敍事大師群
（英文依字母順序排序、中文依首字筆畫排序）

Alice Chen

　　我來自一個熱愛美食的家族。印象裡，家中的大廚房，總是蒸汽氤氳。善煮的阿嬤，忙碌身影是我心中最溫暖的記憶。一直深信，有溫度的廚房所散發的香氣，是凝聚家人，也是呼喚家人回家的力量。因此，能親自下廚為家人做料理，是我覺得最幸福的事。感謝先生一路相挺，用愛支持我在料理和美食之路的探索與學習。旅居海外的女兒們，知道我愛料理，也常為我帶回獨特的食材供我實驗。最後，要感謝社團，助我實踐夢想，來到中年，能以料理留下足跡。

Charlotte Song

　　曾經，身為振筆疾書的媒體工作者，我曾用過文字影響 2300 萬人；執筆的手，在進入家庭之後，取而代之的是煮婦日常，變化契機在於「孩子」誕生後的柴米油鹽醬醋茶。從沒想過有一天會成為料理作者，真的受寵若驚！幸運、感恩！也很珍惜這次的機緣！

　　要端出「滿漢全席」、「五星料理」，實在有點汗顏，煮婦我只能班門弄斧呈上小家常，料理原則就只有秉持原食的原汁原味，初衷就是：「甚麼食物對孩子最好！」畢竟，一個母親的世界已經繞著他們為中心，對於讓孩子入口的菜餚，就像當初在媒體工作一樣，嚴正以待，因為影響的是孩子一輩子的健康！

　　偶然接觸 Staub 鑄鐵鍋，一拍即合的是它的原創！不須藉由外力、不用過多繁複程序，設計出用物理性原則，讓新手能簡單烹飪出完美菜色，著實驚呼於我，如今，深深著迷而無法自拔，也榮幸能藉這個機會，和熱愛「家」餚美食的各位，一起分享烹飪料理的樂趣。

Coco Chang

　　「我愛 Staub 鑄鐵鍋」社團直播老師 & 食譜統籌，「Coco 樂食堂」的掌廚！目前擁有中餐烹調丙級／西點蛋糕丙級／麵包丙級等三張證照。喜好特色料理、地方小吃以及一鍋到底的簡單烹調。希望透過食譜的分享能讓每個人都和可可一樣愛上做菜的生活樂趣。

Eddi 魏嘉昌

艾迪生料理。十多年餐飲洗禮，淬鍊著對食・飲文化的堅持。靦腆的笑容下，有熱愛義大利料理的心；埋首在熊熊爐火下，是 Eddi 調配美味誘人醬汁的身影，以酒入菜更激發出美味的協奏曲！對食材用料的選擇，烹飪技巧的精進，更增加了葡萄酒搭餐的精準度！你今天料理了嗎？

Elise Chang

從沉醉探索到熟成淬鍊，經過多年的時間成就今日的美好。卸下繁忙工作之餘，打造屬於我的美味廚藝小天地，專注、投入，將 Staub 鑄鐵鍋的好發揮到極致。家人臉上滿足、幸福的笑容，成為了療癒我的動力。您好！我是職業婦女，夢想成為家庭主婦的 Elise。

Ellen Chou

曾是企業管理教育訓練師、追逐業績的忙碌上班族，也是三餐外食的廚房小白。回歸家庭後，為了家人和自己的健康，透過網路學習烹飪資訊，因而進入「我愛 Staub 鑄鐵鍋」社團，社團裡臥虎藏龍，激起我學習的動力，渴望做菜更上層樓，期待廚藝更精進，研修過日式飯糰、紅白醬、年菜等多樣廚藝課程。

Emely Wu 吳惠婷

鋼琴家／音樂家。艾蜜莉專精在鋼琴音樂教學以及演奏，在疫情期間，為了讓家人在家享用到五星級餐廳的健康美味料理，因而踏入鑄鐵鍋的世界，在鑄鐵鍋的世界中，感受到食物其精緻以及獨特風味！鍋子美麗的外型，更深深吸引著艾蜜莉。而先生（Thomas Linde 林得恩老師，美籍鋼琴演奏家／音樂家）也因為太太的喜好，一起踏入鑄鐵鍋的美味新世界。在使用鑄鐵鍋製作餐點時，也因而摸索出自己獨特的料理方式和風味，溫暖了艾蜜莉以及她的家人和朋友們。

Ivy 張秀珍

嗨！我是 Ivy，小名珍珍，來自臺中！在 FB 經營「Ivy's kitchen」粉絲團已將近十年時間，擁有麵包與蛋糕的丙級證照，也喜歡分享料理、烘焙和所有關於美味的大小事。誠摯歡迎大家一起藉由這本書，進入 Staub 鑄鐵鍋料理的美好世界。

Jane Chuang

婚前是物理治療師、嬰幼兒按摩講師。在還沒推動長照時，就已走入需要幫助的家庭，協助患者居家復健。婚後嫁入漁村，見到了漁產銷售困境，遂與先生 Jerry Lin 創辦了「青熊家」，提供「從產地到餐桌」的海鮮銷售模式。孩子出生後，想起了從小跟著外婆、媽媽逛菜市場，窩在廚房學料理的時光，開始帶著孩子走入廚房，透過料理，延續記憶中的家庭美味，傳承幸福與愛的溫度。

L.c. Wang 王玲娟

　　我是個平凡的上班族、平凡的職業婦女，有個聰明機靈又調皮的兒子，生活中常常需要跟兒子鬥智，自從加入鑄鐵鍋社團，不僅開啟了我對料理的小小興趣，也透過鑄鐵鍋的料理為家人帶來健康美味又幸福的每一餐。

Liwen Feng 大鍋姐

　　婚前我在服飾代理商處工作，忙碌的日子讓我不得不兼顧文書處理和銷售工作，然而，結婚後的我選擇了停下腳步、放下曾經的職業，將自己的心靈寄託在廚房裡，這個決定讓我找回了喜歡待在廚房的快樂，並開始嘗試各式各樣的料理。我熱愛料理的心在這裡找到了安定與滿足，每一道菜的創作都是我對美好生活的分享，也是對家人和朋友的愛的表達。現在～我盡情地為他們準備一桌桌好菜，用愛和美食編織起我們的生活故事！！

Lydia Lee 李梅櫻

　　五十歲起才開始學習做菜，從如何用鍋開始，把認真努力工作的精神拿來學習料理，起步很晚，但進步很快，也因為熱愛設計，被敲碗和女兒成立了「Plum & Cherry Blossom」的品牌粉專，以設計廚房周邊商品，開創退休後的斜槓生活，從我就是使用者的角度發想，希望為生活帶來美好的一切！

Michelle

　　蜜雪兒減醣實驗室的主理人，同時也是 CQI Q Grader 咖啡杯測師。原來是廚房小白，為了愛犬 Romeo 進廚房做寵物鮮食。2019 年開始減醣又認真研究減醣料理，喜歡用鑄鐵鍋做減醣料理和大家分享。

Molly Chang

　　年輕時，總被父母形容「出門像丟掉，回家像撿到」的女兒，經過三年疫情的洗禮後，變成愛窩在家裡的宅媽；總是喜歡在廚房裡摸東摸西，不論是西式、日式料理，或是烘焙蛋糕、麵包，以滿足家中邁向青少年期 & 快速生長期的三個小蝗蟲；未來仍會在中、西料理及烘焙點心的世界持續精進，歡迎大家一起來玩料理。

Ozzy 謝宜澂

　　御鼎興柴燒黑豆醬油第三代製醬人、飛雀餐桌行動創辦人、參與《雲林食通信》與《飛雀誌》編輯。2017 年起，發起飛雀餐桌行動，串聯雲林一級、二級與六級產業，目前已舉辦超過 150 場，接待超過 5000 名關係人。推廣自煮文化，希望透過食譜、餐桌的連結，縮短人與產地間的距離，期許自己成為一位全醬油蔬食料理的推廣者，持續的創作，繼續為地方的風土轉譯。

Robo 丁丁

我在社團裡的名字是丁丁（舊Ro Bo），因為年邁的父親需要照顧，動手做營養豐盛的料理成為學習做菜的目的，在網路上看到美麗的 Staub 鑄鐵鍋，忍不住買一個後就一發不可收拾，在社團裡看到好多老師們用心的教學，也在直播教學裡學到非常多，也有很多社團社友不吝嗇的分享好菜，因此貢獻兩樣簡易的家常菜，希望大家不吝指教。

Sally Huang 黃莎莉

平凡上班族，在金融業基層主管已十六年。幾年前因興趣考上乙級室內設計師，開始斜槓人生！兩個完全不同領域的工作，都非常有趣！我熱愛旅行、也熱愛美食，婚後為了家人健康開始學煮飯，因此邂逅 Staub 鑄鐵鍋，也邂逅社團！在廚房餐桌上，一道道幸福的料理～上菜囉！

王怡文

我是一位教學生涯超過二十年的國中數學老師，喜歡在假日為家人準備澎湃的週末大早餐。從不知道絲瓜要削皮的料理小白，到現在可以為家人準備一桌豐盛的料理。喜歡在備餐、盛盤、餐桌擺設中添加生活儀式感。看著孩子大口大口品嚐媽媽充滿愛的餐點是我最開心的幸福時光，也是我認真料理的最佳動力。

朱曉芃

擁有中餐丙級執照。之前是個翱遊天際的空服員，生了兩個可愛的小孩之後，就全心投入家中為兒子女兒準備有趣又美味的料理。料理充滿視覺創意，精細又可愛的手藝總是讓大家為之驚嘆。

江佳君

台北榮總退休，具有護理師及中餐丙級證照，自許是推廣「在家促進安全健康飲食」的小兵，想將自己的醫療專業和廚房技藝結合，讓大家都做得出美味又健康的料理，用食物來照顧全家人的身體，享受在家團聚用餐的溫暖。總覺得追求經典料理手法不能凌駕於食品安全之上，但也不要料理得食之無味。粉絲專頁「董娘廚房」歡迎您的指教。

艾羅拉

大家好！我是艾羅拉（網名），一個可以讓你把魅力發揮到家常菜中的家庭煮婦和自由攝影者。秋天來了，我也來了，生日11月10日，天蠍女。我的座右銘是：謙虛做人，認真做事。自從認識 Staub 鑄鐵鍋，就把日常簡單的菜餚充分運用在其中，省時省力，味道更勝一籌。用最簡單的方法做出最可口的飯菜。希望大家都喜歡！

李婉菁

我是碰氣麻麻（阿姬），當初因為要幫碰氣煮稀飯，所以開始接觸鑄鐵鍋，想不到一用就愛上，每每用它烹調出來的料理，家人總是讚不絕口，儘管只是簡單的家常料理，都可以變得很美味，讓煮婦增加了不少信心。這次很開心能完成人生中的第一次體驗，食譜拍攝很有趣，食譜的內容都是自己不斷煮不斷修正的成果，希望大家會喜歡。

邱湞喬

愛笑愛料理的喬喬是本尊，「信正興號的豬豬小幫手」、「手作好食光的魚管家」是分身。「料理」是將抽象的愛化作具象的實物呈現。一人食的料理儀式感呈現為自己生活的寵愛，多人食的料理餐桌風景呈現對所愛之人的關愛。一盤家常的蒜頭炒青菜，只要將蒜片夾出稍作擺放，不管是自己或是家人一定都能感受到這盤青菜流露出的愉悅與愛。

孫夢苔

想起四年前剛加入「我愛 Staub 鑄鐵鍋」社團時，還是個對做菜感到生疏的門外漢，常常會為了調味料要加多少，追著親戚長輩問，而換來的一句話就是「憑感覺」；時至今日，在這本食譜完成前，本書的小編有天問我「你的料理過程都沒有註明調味料要加的量耶。」哈，這時我才意識到我是從什麼時候開始加調味料也是「憑感覺」。

我要說的是，做料理不難，當你天天為家人做料理時，久了之後這些都會烙印在你的記憶裡，相信所有的社友們都能成為料理大師。

張毓娟

毓娟目前還在教育現場默默耕耘，也是三個孩子的媽媽，忙碌的生活更需要多元興趣的滋養。許久前便將料理當興趣經營，從備料起，深覺自己是樂團指揮，食材在巧手中奏出平衡樂曲，直到美味上桌。最近愛上用食物寫故事、記錄生活，每碟醬料、每道氣味都能有情感的連結，慰藉脾胃同時也飽足心靈。人生下半場，在學習豐富餐桌風景之際，遇到奇妙的契機，此刻此時在這裡，感動了自己。

張誦芬

音樂藝術博士，專長為鋼琴演奏與教學，本職為大學教授，學生與社友常稱我「送分老師」。育有一兒一女四犬兩貓。因顧及家人的健康，在繁忙的工作之餘還是盡量自己下廚，四年前開始接觸到鑄鐵鍋便愛上了，特別鍾情於鑄鐵鍋「一鍋到底」及其「保持原汁原味」的健康烹飪方式。

許淑惠

喜愛美食又愛探索生活的退休老師，熱愛手作與創意料理，享受窩在廚房裡那些油煙鑊氣，是生活的氣息與家的味道，希望透過食譜讓美食故事躍然紙上。

陳儷方

　　我是一位全職的家庭主婦，也是兩個孩子的媽。熱愛美食的我，喜歡分享我烹煮的料理，看到家人、朋友們開心享用並發出讚嘆聲時，滿滿的成就感都是我的動力來源。對我來說，料理不僅是我的興趣愛好，更是我與家人、朋友間的情感連結，希望親手煮出的每道菜都化為溫暖的記憶，讓味蕾感受到幸福又美味的驚喜。

湯聖偉

　　大家好我是湯湯，從事中式餐飲工作已超過三十年，擁有丙級和乙級廚師證照，同時也是一間台灣料理餐館負責人！亦透過經營粉專也從事烹飪教學，將各式料理的經驗及技巧，樂於分享給大家！

楊碧君

　　因愛上鑄鐵鍋後更愛上料理，生活中除了喜歡玩廚房，也愛拈花惹草、畫畫、旅遊、跳舞運動，最愛的是「喝茶」，愛找茶，可以找我一起研究，媽媽開茶莊，地點在台北，大家不用客氣，我就喜歡交朋友。

潔西

　　愛吃愛玩的潔西，有兩位可愛的女兒，喜歡手作和烘焙，從自家廚房開始客製化蛋糕，也為社團製作每月的壽星蛋糕，從小喜歡烹飪，喜歡三餐為家人煮食，平凡滋味的家常菜最讓人難忘。

鄭喬安

　　我是喬安，學生時代對於料理充滿熱情，為此考取中餐丙級廚師執照，進而肯定自己。有了孩子後，考取烘焙西點蛋糕執照，藉由造型甜點讓孩子吃得健康又開心。料理的世界千變萬化，每一個人都可以是畢卡索！藉由這本書讓新手走進 Staub 的世界，讓我們一起中西合併所向披靡。

鍾鋗

　　社團人稱「甜媽」，2021 年加入社團，開啟料理新生活，更因鑄鐵鍋而愛上料理，喜歡嘗試各種不同料理，享受手作樂趣。目前設計社團直播菜名杯墊，歡迎各位來上菜！

鈦銀系列家電

創新自我，為未來而生

FUTURE-MADE BY HISTORY

近300年傳承 未來之作

一機在手 料理飲食靈感無限

看更多商品

法國STAUB鑄鐵鍋

食材香氣水氣絕佳循環

做出多采多姿美味佳餚

看更多商品

台灣廣廈 國際出版集團
Taiwan Mansion International Group

國家圖書館出版品預行編目（CIP）資料

鑄鐵鍋。家料理：鎖住原味，究極美味！煎煮炒炸燉蒸烤，100
道簡單的幸福滋味 / 我愛Staub鑄鐵鍋敘事大師群 著. -- 新北市：
臺灣廣廈有聲圖書有限公司, 2023.10
　面；　公分
ISBN 978-986-130-599-8(平裝)
1.CST: 食譜

427.1　　　　　　　　　　　　　　　　112014954

鑄鐵鍋。家料理

鎖住原味，究極美味！煎煮炒炸燉蒸烤，**100** 道簡單的幸福滋味

作　　　者／我愛Staub鑄鐵鍋敘事大師群		編輯中心編輯長／張秀環	
食 譜 統 籌／Coco Chang		編輯／許秀妃・蔡沐晨	
攝　　　影／Hand in Hand Photodesign		封面・內頁設計／曾詩涵	
璞真奕睿影像		內頁排版／菩薩蠻數位文化有限公司	
照 片 提 供／Emely Wu（p52、p72、p158、p198）		製版・印刷・裝訂／東豪・弼聖・秉成	
Ozzy（p134、p172、p178）			
Sally Huang（p128、p162、p190、p244）			
大鍋姐（p108、p112）			
艾羅拉（p104、p138、p224）			

行企研發中心總監／陳冠蒨　　　　線上學習中心總監／陳冠蒨
媒體公關組／陳柔彣　　　　　　　數位營運組／顏佑婷
綜合業務組／何欣穎　　　　　　　企製開發組／江季珊・張哲剛

發　行　人／江媛珍
法 律 顧 問／第一國際法律事務所 余淑杏律師・北辰著作權事務所 蕭雄淋律師
出　　　版／台灣廣廈
發　　　行／台灣廣廈有聲圖書有限公司
　　　　　　地址：新北市235中和區中山路二段359巷7號2樓
　　　　　　電話：(886)2-2225-5777・傳真：(886)2-2225-8052

代理印務・全球總經銷／知遠文化事業有限公司
　　　　　　地址：新北市222深坑區北深路三段155巷25號5樓
　　　　　　電話：(886)2-2664-8800・傳真：(886)2-2664-8801
郵 政 劃 撥／劃撥帳號：18836722
　　　　　　劃撥戶名：知遠文化事業有限公司（※單次購書金額未達1000元，請另付70元郵資。）

■出版日期：2023年10月　　　■初版5刷：2024年01月
ISBN：978-986-130-599-8